今すぐ使えるかんたんmini

Imasugu Tsukaeru Kantan mini Series

Outlook 2016
基本&便利技

技術評論社

本書の使い方

- 画面の手順解説だけを読めば、操作できるようになる！
- もっと詳しく知りたい人は、補足説明を読んで納得！
- これだけは覚えておきたい機能を厳選して紹介！

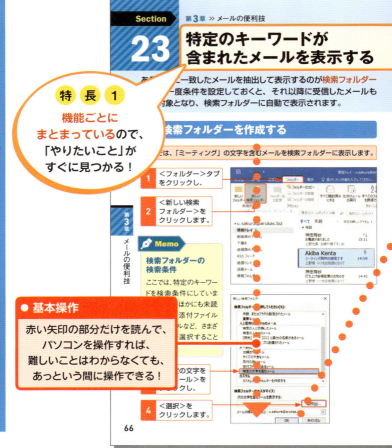

特長 1
機能ごとにまとまっているので、「やりたいこと」がすぐに見つかる！

● 基本操作
赤い矢印の部分だけを読んで、パソコンを操作すれば、難しいことはわからなくても、あっという間に操作できる！

パソコンの基本操作

- 本書の解説は、基本的にマウスを使って操作することを前提としています。
- お使いのパソコンのタッチパッド、タッチ対応モニターを使って操作する場合は、各操作を次のように読み替えてください。

1 マウス操作

▼ クリック（左クリック）

クリック（左クリック）の操作は、画面上にある要素やメニューの項目を選択したり、ボタンを押したりする際に使います。

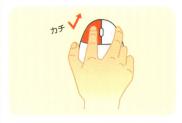

マウスの左ボタンを1回押します。

タッチパッドの左ボタン（機種によっては左下の領域）を1回押します。

▼ 右クリック

右クリックの操作は、操作対象に関する特別なメニューを表示する場合などに使います。

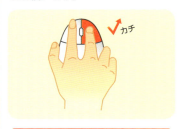

マウスの右ボタンを1回押します。

タッチパッドの右ボタン（機種によっては右下の領域）を1回押します。

▼ ダブルクリック

ダブルクリックの操作は、各種アプリを起動したり、ファイルやフォルダーなどを開く際に使います。

| マウスの左ボタンをすばやく2回押します。 | タッチパッドの左ボタン(機種によっては左下の領域)をすばやく2回押します。 |

▼ ドラッグ

ドラッグの操作は、画面上の操作対象を別の場所に移動したり、操作対象のサイズを変更する際などに使います。

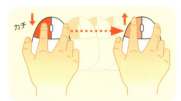 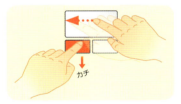

| マウスの左ボタンを押したまま、マウスを動かします。目的の操作が完了したら、左ボタンから指を離します。 | タッチパッドの左ボタン(機種によっては左下の領域)を押したまま、タッチパッドを指でなぞります。目的の操作が完了したら、左ボタンから指を離します。 |

📝 Memo

ホイールの使い方

ほとんどのマウスには、左ボタンと右ボタンの間にホイールが付いています。ホイールを上下に回転させると、Webページなどの画面を上下にスクロールすることができます。そのほかにも、Ctrlを押しながらホイールを回転させると、画面を拡大／縮小したり、フォルダーのアイコンの大きさを変えたりすることができます。

2 利用する主なキー

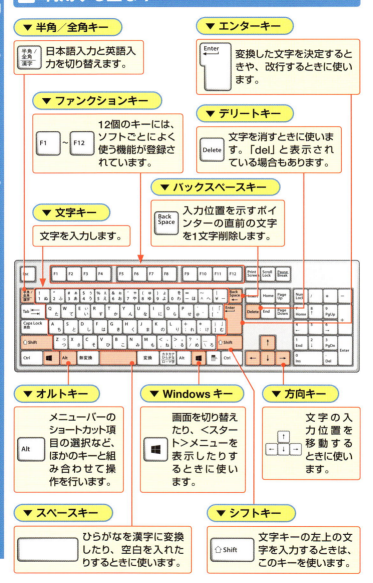

▼ 半角／全角キー
日本語入力と英語入力を切り替えます。

▼ エンターキー
変換した文字を決定するときや、改行するときに使います。

▼ ファンクションキー
12個のキーには、ソフトごとによく使う機能が登録されています。

▼ デリートキー
文字を消すときに使います。「del」と表示されている場合もあります。

▼ 文字キー
文字を入力します。

▼ バックスペースキー
入力位置を示すポインターの直前の文字を1文字削除します。

▼ オルトキー
メニューバーのショートカット項目の選択など、ほかのキーと組み合わせて操作を行います。

▼ Windowsキー
画面を切り替えたり、＜スタート＞メニューを表示したりするときに使います。

▼ 方向キー
文字の入力位置を移動するときに使います。

▼ スペースキー
ひらがなを漢字に変換したり、空白を入れたりするときに使います。

▼ シフトキー
文字キーの左上の文字を入力するときは、このキーを使います。

3 タッチ操作

▼ タップ

画面に触れてすぐ離す操作です。ファイルなど何かを選択するときや、決定を行う場合に使用します。マウスでのクリックに当たります。

▼ ダブルタップ

タップを2回繰り返す操作です。ソフトを起動したり、ファイルやフォルダーなどを開く際に使用します。マウスでのダブルクリックに当たります。

▼ ホールド

画面に触れたまま長押しする操作です。詳細情報を表示するほか、状況に応じたメニューが開きます。マウスでの右クリックに当たります。

▼ ドラッグ

操作対象をホールドしたまま、画面の上を指でなぞり上下左右に移動します。目的の操作が完了したら、画面から指を離します。

▼ スワイプ／スライド

画面の上を指でなぞる操作です。ページのスクロールなどで使用します。

▼ フリック

画面を指で軽く払う操作です。スワイプと混同しやすいので注意しましょう。

▼ ピンチ／ストレッチ

2本の指で対象に触れたまま指を広げたり狭めたりする操作です。拡大(ストレッチ)／縮小(ピンチ)が行えます。

▼ 回転

2本の指先を対象の上に置き、そのまま両方の指で同時に右方向または左方向に回転させる操作です。

CONTENTS 目次

第1章 Outlook 2016の基本

Section 01　Outlook 2016とは ……………………16
Outlook 2016の各機能

Section 02　Outlook 2016を起動/終了する ……………18
Outlook 2016を起動する
Outlook 2016を終了する

Section 03　メールアカウントを設定する ……………20
自動でメールアカウントを設定する
手動でメールアカウントを設定する

Section 04　Outlook 2016の画面構成 ……………24
Outlookの基本的な画面構成
ナビゲーションバーで機能を切り替える
ナビゲーションバーの表示を変更する
BackstageビューとOutlookのオプションの設定画面

Section 05　Outlook 2016のリボン操作 ……………28
タブを切り替える

第2章 メールの基本操作

Section 06　メールのしくみ ……………30
「メール」の画面構成
＜メッセージ＞ウィンドウの画面構成

Section 07　作成するメールをテキスト形式にする ……………32
メールの設定を変更する

Section 08　メールを作成・送信する ……………34
メールを作成する
メールを送信する

Section 09　メールを受信する ……………36
メールを受信する
閲覧ウィンドウの文字を大きくする

Section 10　メールを複数の宛先に送信する ……………38
複数の宛先にメールを送信する
別の宛先にメールのコピーを送信する
宛先を隠してメールのコピーを送信する

Section 11　ファイルを添付して送信する ……………40
メールにファイルを添付して送信する
デジカメ写真を自動的に縮小する

Section 12 **受信した添付ファイルを確認する**・・・・・・・・・・・・・・・・・・・・・・・・・・42
添付ファイルをプレビュー表示する
添付ファイルを保存する

Section 13 **メールを下書き保存する**・・・・・・・・・・・・・・・・・・・・・・・・・・・・・・・・・・・・44
メールを下書き保存する
下書き保存したメールを送信する

Section 14 **メールを返信／転送する**・・・・・・・・・・・・・・・・・・・・・・・・・・・・・・・・・・46
メールを返信する
メールを転送する

Section 15 **メール内に表示されていない画像を表示する**・・・・・・・・・48
メール内に表示されていない画像を表示する
特定の相手からのメールの画像を常に表示する

Section 16 **署名を作成する**・・・50
署名を作成する

Section 17 **メールを削除する**・・52
メールを削除する

第3章　メールの便利技

Section 18 **メールを10分おきに自動で送受信する**・・・・・・・・・・・・・・・・・54
メールを定期的に自動で送受信する

Section 19 **メールを並べ替える**・・・・・・・・・・・・・・・・・・・・・・・・・・・・・・・・・・・・・・56
メールを日付の古い順に並べ替える
メールを差出人ごとに並べ替える

Section 20 **メールをフォルダーで整理する**・・・・・・・・・・・・・・・・・・・・・・・・・・58
新しいフォルダーを作成する
新しいフォルダーにメールを移動する
フォルダーをお気に入りに表示する
作成したフォルダーを削除する

Section 21 **メールをスレッドビューで整理する**・・・・・・・・・・・・・・・・・・・・・62
スレッドビューを表示する
スレッドビューを整理する

Section 22 **未読メールのみを表示する**・・・・・・・・・・・・・・・・・・・・・・・・・・・・・・64
未読メールのみを表示する
既読メールを未読に切り替える

Section 23 **特定のキーワードが含まれたメールを表示する**・・・・・・・・66
検索フォルダーを作成する

CONTENTS　目次

Section 24　特定の相手からのメールを色分けする⋯⋯⋯⋯⋯68
　メールを色分けする

Section 25　受信したメールを自動的に振り分ける⋯⋯⋯⋯⋯70
　仕分けルールを作成する
　仕分けルールを削除する

Section 26　迷惑メールを処理する⋯⋯⋯⋯⋯⋯⋯⋯⋯⋯⋯⋯74
　迷惑メールの処理レベルを設定する
　迷惑メールを受信拒否リストに入れる
　迷惑メールを削除する
　迷惑メールと判断されたメールを受信できるようにする

Section 27　メールに重要度を設定して送信する⋯⋯⋯⋯⋯⋯78
　メールの重要度を「高」にして送信する
　重要度が設定されたメールを確認する

Section 28　相手がメールを開封したか確認する⋯⋯⋯⋯⋯⋯80
　開封通知を設定する
　開封通知のメールを受信する

Section 29　メールの誤送信を防ぐ⋯⋯⋯⋯⋯⋯⋯⋯⋯⋯⋯⋯82
　送信時にメールをいったん送信トレイに保存する
　送信トレイを確認する

Section 30　お決まりの定型文を送信する⋯⋯⋯⋯⋯⋯⋯⋯⋯84
　クイック操作で定型文を作成する
　定型文を呼び出す

Section 31　複数のメールアカウントを使い分ける⋯⋯⋯⋯⋯86
　新しいメールアカウントを追加する
　メールアカウントごとにメールを受信する
　全アカウントのメールを送受信する

第4章　連絡先の活用

Section 32　連絡先のしくみ⋯⋯⋯⋯⋯⋯⋯⋯⋯⋯⋯⋯⋯⋯⋯90
　「連絡先」の画面構成
　＜連絡先＞ウィンドウの画面構成

Section 33　連絡先を登録する⋯⋯⋯⋯⋯⋯⋯⋯⋯⋯⋯⋯⋯⋯92
　新しい連絡先を登録する

Section 34　連絡先を見やすく表示する⋯⋯⋯⋯⋯⋯⋯⋯⋯⋯96
　連絡先を名刺形式で表示する
　連絡先を一覧形式で表示する

Section 35	受信したメールの差出人を連絡先に登録する············98

メールの差出人を連絡先に登録する

Section 36	連絡先の相手にメールを送信する·····················100

「連絡先」から宛先を選択してメールを送信する
＜メッセージ＞ウィンドウから宛先を選択してメールを送信する

Section 37	複数の宛先を1つのグループにまとめる···············102

連絡先グループを作成する
連絡先グループを宛先にしてメールを送信する

Section 38	登録した連絡先を削除する／ フォルダーで整理する·····························104

登録した連絡先を削除する
連絡先をフォルダーで整理する

Section 39	他のソフトの連絡先を取り込む·······················106

連絡先を取り込む

Section 40	連絡先を書き出して他のソフトで使う·················110

連絡先を書き出す

第5章 予定表の管理

Section 41	予定表のしくみ···································114

「予定表」の画面構成
＜予定＞ウィンドウの画面構成
さまざまな表示形式

Section 42	予定表に祝日を設定する····························116

予定表に祝日を設定する

Section 43	8時から18時までを稼働時間に設定する············118

稼働時間を設定する
稼働日を表示する

Section 44	新しい予定を登録する······························120

新しい予定を登録する

Section 45	登録した予定を確認する····························122

予定表の表示形式を切り替える
予定の詳細情報を表示する

Section 46	終了していない予定を確認する·······················124

終了していない予定を一覧で表示する
終了していない予定を場所ごとに表示する
今後7日間の予定を表示する

CONTENTS 目次

Section 47 天気予報の表示を設定する ……………………………126
天気予報の表示地域を設定する
天気予報を表示しないようにする

Section 48 予定の時刻にアラームを鳴らす …………………………128
アラームを設定する
アラームを確認する

Section 49 予定を変更する／削除する ……………………………130
予定を変更する
予定を削除する

Section 50 定期的な予定を登録する ………………………………132
定期的な予定を登録する

Section 51 終日の予定を登録する …………………………………134
終日の予定を登録する

Section 52 仕事用とプライベート用とで予定表を使い分ける ……136
新しい予定表を作成する

Section 53 メールの内容を予定として登録する ……………………138
メールの内容を「予定表」に登録する

第6章 タスクの管理

Section 54 タスクのしくみ …………………………………………140
「タスク」の画面構成
タスクの一覧表示画面
＜タスク＞ウィンドウの画面構成

Section 55 新しいタスクを登録する ………………………………142
新しいタスクを登録する

Section 56 タスクの詳細情報を登録する …………………………144
タスクの詳細情報を登録する

Section 57 毎週の締め切りを設定する ……………………………146
定期的なタスクを登録する

Section 58 登録したタスクを確認する ……………………………148
タスクのビューを変更する
タスクの並べ替え方法を変更する

Section 59 完了したタスクにチェックマークを付ける ……………150
タスクを完了する
完了したタスクを確認する
タスクの完了を取り消す

Section 60	**タスクの締め切り日にアラームを鳴らす**･･･････････152

アラームを設定する
アラームを確認する

Section 61	**タスクを変更する／削除する**･･･････････････････････154

タスクの期限日を変更する
タスクを削除する

Section 62	**メールの内容をタスクとして登録する**･･･････････････156

メールの内容をタスクとして登録する

Section 63	**タスクと予定表を連携する**･･･････････････････････158

タスクを「予定表」に登録する
予定を「タスク」に登録する

第7章 Outlook 2016のさらなる活用

Section 64	**Outlook Todayで全情報を管理する**･･････････････162

Outlook Todayの画面構成
Outlook Todayをカスタマイズする

Section 65	**To Doバーで直近の予定やタスクを把握する**･･･････164

To Doバーの画面構成
To Doバーを表示する

Section 66	**アイテムを分類分けする**･･･････････････････････166

分類項目を作成して設定する
アイテムを分類分けする
分類項目をすばやく設定する

Section 67	**Outlook 2016のデータをすばやく検索する**･･････170

クイック検索で検索する
クイック検索による検索結果を閉じる

Section 68	**Outlook 2016の操作をすばやく検索する**････････172

操作アシストを利用する

Section 69	**表示された単語の意味をすばやく検索する**････････173

スマート検索を利用する

Section 70	**メモ機能を活用する**･･････････････････････････174

新しいメモを作成する
デスクトップにメモを表示する

Section 71	**アイテムを印刷する**･･････････････････････････176

メールを印刷する
「予定表」の印刷スタイル

CONTENTS 目次

Section 72 アイテムを整理する ･･････････････････････････178
メールのフォルダーを整理する
Outlook 2016のデータを圧縮する

Section 73 削除したデータをもとに戻す ･･････････････････181
「削除済みアイテム」のアイテムをもとに戻す

Section 74 OneDriveのファイルをメールで送信する ･･･････182
OneDriveのファイルをメールで送信する

Section 75 Outlook 2016の全データをバックアップする ･･･184
Outlook 2016の全データをバックアップする
バックアップデータを復元する

索引 ･･･ 190

ご注意：ご購入・ご利用の前に必ずお読みください

● 本書に記載された内容は、情報提供のみを目的としています。したがって、本書を用いた運用は、必ずお客様自身の責任と判断によって行ってください。これらの情報の運用の結果について、技術評論社および著者はいかなる責任も負いません。

● ソフトウェアに関する記述は、特に断りのないかぎり、2015年12月現在での最新情報をもとにしています。これらの情報は更新される場合があり、本書の説明とは機能内容や画面図などが異なってしまうことがあり得ます。あらかじめご了承ください。

● 本書の説明では、OSは「Windows 10」、Outlookは「Outlook 2016」を使用しています。それ以外のOutlookのバージョン（Outlook 2013/2010/2007/2003など）には対応していません。あらかじめご了承ください。

● インターネットの情報については、URLや画面などが変更されている可能性があります。ご注意ください。

以上の注意事項をご承諾いただいた上で、本書をご利用願います。これらの注意事項をお読みいただかずに、お問い合わせいただいても、技術評論社および著者は対処しかねます。あらかじめご承知おきください。

■ 本書に掲載した会社名、プログラム名、システム名などは、米国およびその他の国における登録商標または商標です。本文中では™、®マークは明記していません。

第1章

Outlook 2016 の基本

Section 01　**Outlook 2016とは**
Section 02　**Outlook 2016を起動／終了する**
Section 03　**メールアカウントを設定する**
Section 04　**Outlook 2016の画面構成**
Section 05　**Outlook 2016のリボン操作**

Section 01　第1章 » Outlook 2016の基本

Outlook 2016とは

Outlook 2016では、メールの送受信を行う「メール」、個人情報を管理する「連絡先」、スケジュールを管理する「予定表」、仕事を期限管理する「タスク」といった機能が利用できます。

1 Outlook 2016の各機能

メール機能

Memo

メール機能

「メール」の画面では、メールの作成や送受信などが行えます。メールは、日付順や差出人ごとに並べ替えることが可能です。詳しくは、第2章、第3章を参照してください。

連絡先機能

Memo

連絡先機能

「連絡先」の画面では、氏名や住所、電話番号、メールアドレスなど、さまざまな個人情報を登録し、管理することができます。詳しくは、第4章を参照してください。

● 予定表機能

Memo

予定表機能

「予定表」の画面では、日々の予定を登録して、カレンダーのように表示することができます。1日単位、1週間単位、1カ月単位など、表示方法の切り替えも可能です。詳しくは、第5章を参照してください。

● タスク機能

Memo

タスク機能

「タスク」の画面では、期日までにやるべき仕事を一覧表示します。タスクの進捗状況に合わせて、色の濃さが異なるフラグも設定できます。詳しくは、第6章を参照してください。

Keyword

Outlook 2016とは

Outlook 2016では、おもにメール、連絡先、スケジュール、タスクの4つを管理することができます。このような個人情報を管理するソフトウェアは、PIM（Personal Information Manager）とも呼ばれています。単にそれぞれのデータ（Outlook 2016では「アイテム」と呼びます）を保存／閲覧するだけでなく、メールの差出人を連絡先に登録したり、スケジュールをタスクに登録したりと、さまざまな方法で管理できるのが特徴です。

Section 02　第1章 ≫ Outlook 2016の基本

Outlook 2016を起動／終了する

Outlook 2016をパソコンの画面に表示することを起動と呼びます。作業が終わったら、パソコンを終了する前に、必ずOutlook 2016も終了しましょう。

1 Outlook 2016を起動する

1 Windows 10 を起動します。

2 ⊞をクリックし、

3 ＜すべてのアプリ＞をクリックして、

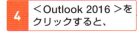

4 ＜Outlook 2016＞をクリックすると、

📝 Memo

タスクバーから起動する

Outlook 2016をインストールすると、タスクバーにOutlook 2016のアイコンが登録されることがあります。これをクリックすることでも、Outlook 2016を起動することができます。

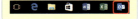

5 Outlook 2016が起動します。

Memo

初回起動時の設定画面

Outlook 2016を初めて起動したときは、＜Outlook 2016へようこそ＞画面が表示され、メールアカウントの設定が行えます。詳しくは、Sec.03を参照してください。

2 Outlook 2016を終了する

1 ウィンドウ右上の＜閉じる＞×をクリックすると、Outlook 2016 が終了します。

Memo

作業途中のウィンドウがある場合

終了操作を行う際、書きかけのメールや入力が途中の予定などがある場合、それらを保存するかどうかを確認するダイアログボックスが表示されます。＜いいえ＞をクリックすると、保存されずにOutlook 2016が終了します。

Section 03

第1章 » Outlook 2016の基本

メールアカウントを設定する

メールを利用するには、**メールアドレス**、**アカウント名**、**パスワード**、**メールサーバー情報**などが必要です。あらかじめ、それらの情報が記載された書類などを用意しておきましょう。

1 自動でメールアカウントを設定する

Outlook 2016 を初めて起動したときは、
＜Outlook 2016 へようこそ＞画面が表示されます。

1 ＜次へ＞をクリックします。

📝 Memo

メールアカウントを設定したくない場合

まだメールアカウントを設定したくない場合は、＜キャンセル＞をクリックします。すると、次回 Outlook 2016を起動したときに再度＜Outlook 2016へようこそ＞画面が表示されます。

2 ＜はい＞をクリックしてオンにし、

3 ＜次へ＞をクリックします。

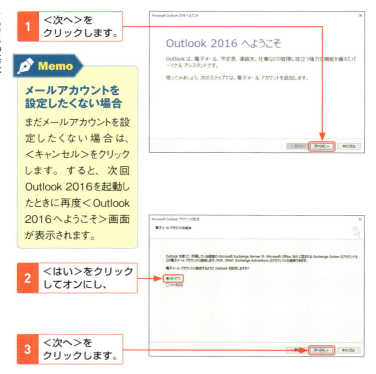

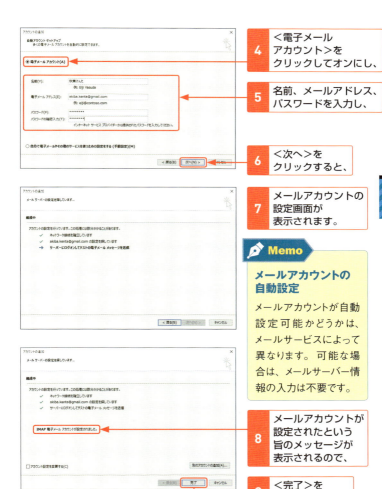

4 ＜電子メールアカウント＞をクリックしてオンにし、

5 名前、メールアドレス、パスワードを入力し、

6 ＜次へ＞をクリックすると、

7 メールアカウントの設定画面が表示されます。

Memo

メールアカウントの自動設定

メールアカウントが自動設定可能かどうかは、メールサービスによって異なります。可能な場合は、メールサーバー情報の入力は不要です。

8 メールアカウントが設定されたという旨のメッセージが表示されるので、

9 ＜完了＞をクリックします。

Memo

自動で設定できない場合は

メールアカウントを自動設定することができない場合は、次ページの＜手動でメールアカウントを設定する＞を参照するか、手順 8 の画面で＜アカウント設定を変更する＞をクリックしてオンにし、＜次へ＞をクリックして、P.23の手順 6 以降を参照してください。

2 手動でメールアカウントを設定する

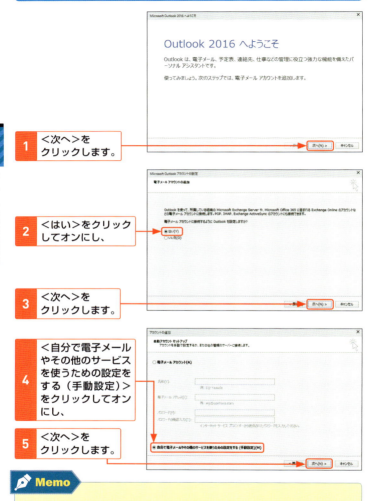

1 <次へ>をクリックします。

2 <はい>をクリックしてオンにし、

3 <次へ>をクリックします。

4 <自分で電子メールやその他のサービスを使うための設定をする（手動設定）>をクリックしてオンにし、

5 <次へ>をクリックします。

📝 Memo

メールアカウントを手動で設定する場合

メールアカウントを手動で設定する場合、メールサーバー情報を自分で入力する必要があります。あらかじめ、それらの設定が記された書類などを確認しておきましょう。

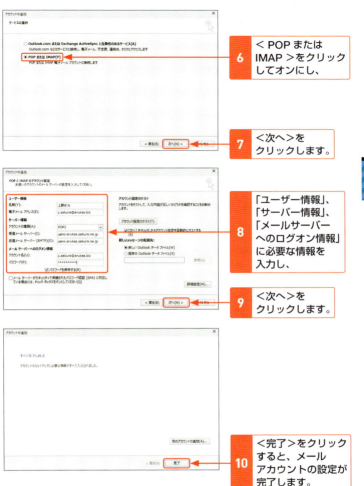

6 ＜POPまたは IMAP＞をクリックしてオンにし、

7 ＜次へ＞をクリックします。

8 「ユーザー情報」、「サーバー情報」、「メールサーバーへのログオン情報」に必要な情報を入力し、

9 ＜次へ＞をクリックします。

10 ＜完了＞をクリックすると、メールアカウントの設定が完了します。

Memo

パスワードの保存

手順 8 で＜パスワードを保存する＞をクリックしてオンにすると、メールの送受信時に毎回パスワードを入力する必要がなくなります。

Section 04　第1章 >> Outlook 2016の基本

Outlook 2016の画面構成

画面左下の<メール>、<連絡先>、<予定表>、<タスク>のアイコンをクリックすると、それぞれの機能に画面が切り替わります。画面構成は機能ごとに異なりますが、基本的な操作は同じです。

1 Outlookの基本的な画面構成

名称	機能
タイトルバー	画面上で選択している機能名やフォルダー名を表示します。
リボン	よく使う操作が目的別に分類されています。
フォルダーウィンドウ	目的のフォルダーやアイテムにすばやくアクセスすることができます。
ビュー	メールや連絡先など、各機能のアイテムを一覧で表示します。
閲覧ウィンドウ	ビューで選択したアイテムの内容を表示します。
ナビゲーションバー	メール✉、予定表📅、連絡先👥、タスク📋などのアイコンが表示され、各機能の画面を切り替えることができます。アイコンではなく文字で表示されていることもあります。
ステータスバー	画面左にアイテム（メールや予定など）の数、画面右にズームスライダーなどを表示します。

2 ナビゲーションバーで機能を切り替える

「メール」の画面から「予定表」の画面に切り替えます。

1 ＜予定表＞をクリックすると、

2 「予定表」の画面が表示されます。

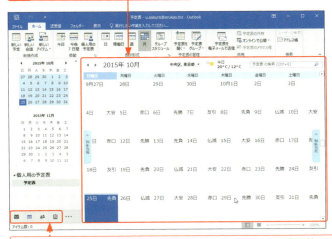

同様にして他のアイコンをクリックすることで、それぞれの機能の画面に切り替わります。

3 ナビゲーションバーの表示を変更する

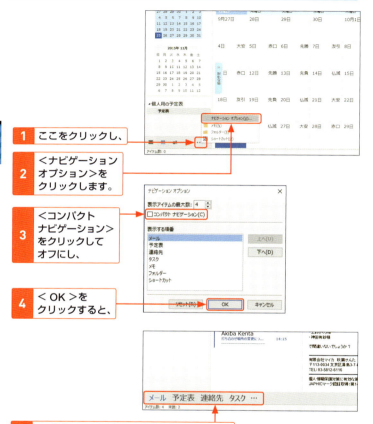

1 ここをクリックし、

2 ＜ナビゲーションオプション＞をクリックします。

3 ＜コンパクトナビゲーション＞をクリックしてオフにし、

4 ＜OK＞をクリックすると、

5 ナビゲーションバーが文字で表示されます。

Memo

ナビゲーションバーの表示をアイコンにする

本書では、ナビゲーションバーをアイコン表示にした状態で解説しています。使用環境によっては、初回起動時にナビゲーションバーが文字で表示されていることがあります。その場合は、上記手順を参考に、手順 3 で＜コンパクトナビゲーション＞のチェックをオンにして＜OK＞をクリックしてください。

4 BackstageビューとOutlookのオプションの設定画面

1 <ファイル>をクリックすると、

2 Backstageビューが表示されます。

3 <オプション>をクリックすると、

4 <Outlookのオプション>ダイアログボックスが表示されます。

> **Memo**
>
> **BackstageビューとOutlookのオプションの設定画面**
>
> 手順 2 のBackstageビューでは、ファイル関連の操作、アイテムの印刷、Officeアカウントの管理などが行えます。手順 4 のOutlookのオプションの設定画面では、Outlook 2016の設定を細かく変更することができます。

Section 05

第1章 >> Outlook 2016の基本

Outlook 2016の リボン操作

Outlook 2016は、画面上部にあるリボンから各種操作が行えます。タブの名前部分をクリックすると、タブの内容が切り替わります。

1 タブを切り替える

＜ホーム＞タブから＜送受信＞タブに切り替えます。
ここでは、＜ホーム＞タブの内容が表示されています。

1 ＜送受信＞タブの名前部分をクリックすると、

2 ＜送受信＞タブのコマンドが表示されます。

Keyword

リボンとは

リボンは「ユーザーが必要としている機能をすぐに見つけ出せる」機能です。各操作がグループ化されており、画面上にボタンとしてまとめられています。Outlook 2016では、「メール」、「連絡先」、「予定表」、「タスク」の各機能ごとにそれぞれ異なるリボンが用意されています。

第2章

メールの基本操作

Section 06 メールのしくみ
Section 07 作成するメールをテキスト形式にする
Section 08 メールを作成・送信する
Section 09 メールを受信する
Section 10 メールを複数の宛先に送信する
Section 11 ファイルを添付して送信する
Section 12 受信した添付ファイルを確認する
Section 13 メールを下書き保存する
Section 14 メールを返信/転送する
Section 15 メール内に表示されていない画像を表示する
Section 16 署名を作成する
Section 17 メールを削除する

Section 第2章 >> メールの基本操作

06 メールのしくみ

Outlook 2016の「メール」の画面では、これまで送受信したメールがビューに一覧表示されます。目的のメールをクリックすると、閲覧ウィンドウに内容が表示されます。

1 「メール」の画面構成

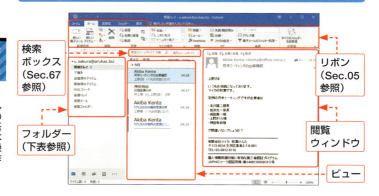

検索ボックス（Sec.67参照）
フォルダー（下表参照）
リボン（Sec.05参照）
閲覧ウィンドウ
ビュー

フォルダー名	機能
受信トレイ	受信したメールが保存されます。Sec.09参照。
削除済みアイテム	削除したメールが保存されます。Sec.17参照。
下書き	作成途中のメールが保存されます。Sec.13参照。
送信済みアイテム	送信が完了したメールが保存されます。Sec.08参照。
RSSフィード	Webサイトの更新情報が保存されます。
検索フォルダー	検索条件に合致したメールが保存されます。Sec.23参照。
送信トレイ	これから送信するメールが保存されます。Sec.29参照。
迷惑メール	迷惑メールが保存されます。Sec.26参照。

2 ＜メッセージ＞ウィンドウの画面構成

「メール」の新規作成画面では、＜メッセージ＞ウィンドウが新規に表示されます。

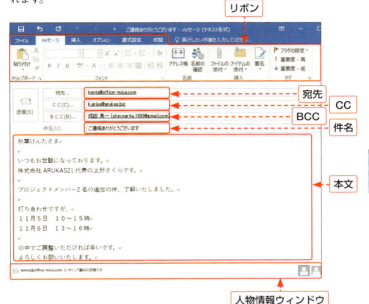

名称	機能
宛先	送信先のメールアドレスを入力します。
CC	メールのコピーを送りたい相手の宛先を入力します。Sec.10参照。
BCC	他の受信者にアドレスメールを知らせずに、メールのコピーを送る相手の宛先を入力します。Sec.10参照。
件名	メールアドレスの件名を入力します。
本文	メールの本文を入力します。
人物情報ウィンドウ	送信先の人物の情報や、やりとりしたメールの一覧などを表示することができます。

Section 07

第2章 >> メールの基本操作

作成するメールをテキスト形式にする

メールを作成する際、通常はHTML形式ではなく、テキスト形式を利用します。HTML形式は文字の装飾などができて便利な反面、迷惑メールと認識される可能性が高いためです。

1 メールの設定を変更する

1 <ファイル>タブをクリックし、

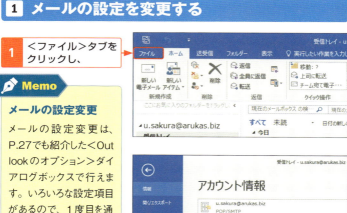

Memo

メールの設定変更

メールの設定変更は、P.27でも紹介した<Outlookのオプション>ダイアログボックスで行えます。いろいろな設定項目があるので、1度目を通しておくとよいでしょう。

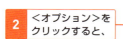

2 <オプション>をクリックすると、

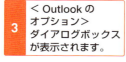

3 <Outlookのオプション>ダイアログボックスが表示されます。

4 <メール>をクリックします。

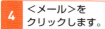

| 5 | <メール>の設定が変更できる画面になります。 | 6 | <次の形式でメッセージを作成する>から<テキスト形式>をクリックし、 |

| 7 | < OK >をクリックします。 |

💡 Hint

メールの自動改行

Outlook 2016では、テキスト形式でメールを送信する際、自動的に改行が行われます。<Outlookのオプション>ダイアログボックスの初期設定では、半角76文字／全角38文字分が設定されており、変更することも可能です。

| 1 | 自動改行したい文字数を入力し、 |

| 2 | < OK >をクリックします。 |

✏️ Memo

Outlookのメール形式

Outlook 2016では、HTML形式、リッチテキスト形式、テキスト形式のメールが扱えます。HTML形式やリッチテキスト形式では文字の装飾が可能ですが、相手に迷惑メールと判断されてしまうことがあります。本書では、相手と正しく送受信できるテキスト形式を推奨しています。

Section 08 第2章 >> メールの基本操作

メールを作成・送信する

メールの設定変更が終わったら、新しいメールを作成し送信してみましょう。**宛先**、**件名**、**本文**を入力して**<送信>**をクリックすることで、メールが相手に送信されます。

1 メールを作成する

1 <新しい電子メール>をクリックします。

💡 Hint

そのほかのメール作成方法

「連絡先」から宛先を指定してメールを新規作成することも可能です。詳しくは、Sec.36を参照してください。

2 <メッセージ>ウィンドウが表示されるので、

3 宛先を入力し、

4 件名を入力し、

5 本文を入力します。

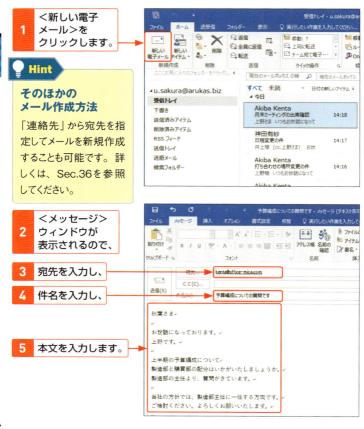

2 メールを送信する

1 前ページの続きです。＜メッセージ＞ウィンドウで宛先、件名、本文が正しく入力されていることを確認します。

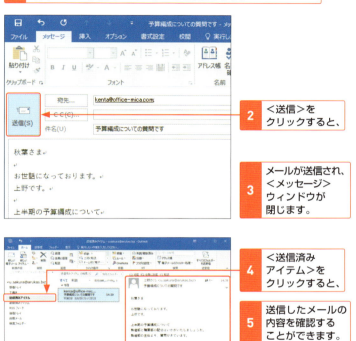

2 ＜送信＞をクリックすると、

3 メールが送信され、＜メッセージ＞ウィンドウが閉じます。

4 ＜送信済みアイテム＞をクリックすると、

5 送信したメールの内容を確認することができます。

📝 Memo

「送信トレイ」にメールがある場合

メールがうまく送信されず、「送信トレイ」に移動してしまった場合は、宛先などが正しく入力されているか、メールの入力内容を再度確認してみてください。また、メールをすぐに送信せず「送信トレイ」に一度移動させる方法もあります。詳しくは、Sec.29を参照してください。

Section 09

第2章 >> メールの基本操作

メールを受信する

＜すべてのフォルダーを送受信＞をクリックすると、メールが受信できます。受信したメールは、「受信トレイ」に一覧表示され、内容は閲覧ウィンドウに表示されます。

1 メールを受信する

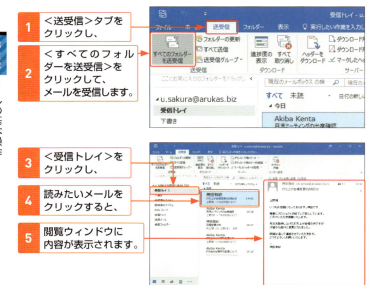

1 ＜送受信＞タブをクリックし、

2 ＜すべてのフォルダーを送受信＞をクリックして、メールを受信します。

3 ＜受信トレイ＞をクリックし、

4 読みたいメールをクリックすると、

5 閲覧ウィンドウに内容が表示されます。

Memo

「送信トレイ」のメール

＜すべてのフォルダーを送受信＞をクリックすると、メールの受信が行われるだけでなく、「送信トレイ」にあるメールが送信されます。送信に失敗したメールや、送信前に一時移動しておいたメールも送信されますので注意してください。

2 閲覧ウィンドウの文字を大きくする

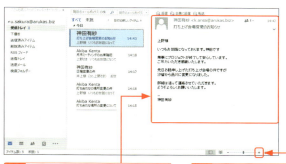

1 読みたいメールを表示します。

2 ズームスライダーの＜拡大＞＋をクリックすると、

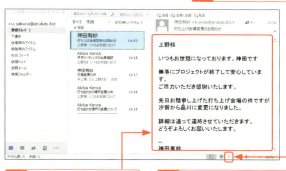

3 閲覧ウィンドウの文字が大きくなります。

4 ＜縮小＞－をクリックすると、閲覧ウィンドウの文字が小さくなります。

StepUp

閲覧ウィンドウの文字サイズを設定する

閲覧ウィンドウの既定の文字サイズを変更するには、P.27を参考に＜Outlookのオプション＞ダイアログボックスを表示し、＜メール＞→＜ひな形およびフォント＞をクリックして、「テキスト形式のメッセージの作成と読み込み」の＜文字書式＞をクリックしてください。＜フォント＞ダイアログボックスが表示されるので、「サイズ」の数値を変更して＜OK＞を3回クリックします。なお、この設定が適用されるのはテキスト形式のメールを表示している場合のみです。HTML形式やリッチテキスト形式のメールは適用されないことがあります。

Section **10** 第2章 >> メールの基本操作

メールを複数の宛先に送信する

複数の人にメールを送る場合、「宛先」にメールアドレスを追加していきます。また、CCやBCCを利用した複数宛の送信方法もあります。

1 複数の宛先にメールを送信する

Sec.08 を参考に、＜メッセージ＞ウィンドウを開き、件名と本文を入力しておきます。

1. 1人目のメールアドレスを入力します。

2. 「;」（セミコロン）を入力したあとに、2人目のメールアドレスを入力し、

3. ＜送信＞をクリックします。

2 別の宛先にメールのコピーを送信する

Sec.08を参考に、＜メッセージ＞ウィンドウを開き、
件名と本文を入力しておきます。

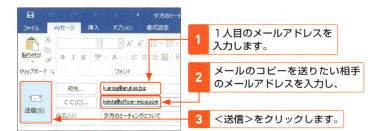

1 1人目のメールアドレスを入力します。

2 メールのコピーを送りたい相手のメールアドレスを入力し、

3 ＜送信＞をクリックします。

3 宛先を隠してメールのコピーを送信する

Sec.08を参考に、＜メッセージ＞ウィンドウを開き、
件名と本文と宛先を入力しておきます。

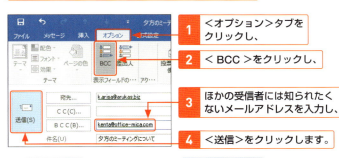

1 ＜オプション＞タブをクリックし、

2 ＜BCC＞をクリックし、

3 ほかの受信者には知られたくないメールアドレスを入力し、

4 ＜送信＞をクリックします。

Keyword

CCとは

CCとは、「宛先」に対して送るメールを、他の人にも確認してほしいときに使う機能です。「CC」に入力した相手には、「宛先」に送ったメールと同じ内容のメールが届きます。

Keyword

BCCとは

BCCはCCと異なり、入力したメールアドレスが受信した人に通知されません。「宛先」に送ったメールを他の人にも確認してもらいたいが、メールアドレスは見せたくない場合に使う機能です。

Section 第2章 >> メールの基本操作

11 ファイルを添付して送信する

メールは文章以外にも、WordやExcelなどのOfficeファイル、デジカメで撮影した写真なども送信できます。サイズの大きな写真は、自動的に縮小して送信する機能を利用すると便利です。

1 メールにファイルを添付して送信する

Sec.08を参考に、＜メッセージ＞ウィンドウを開き、宛先と件名と本文を入力しておきます。

1 ＜ファイルの添付＞をクリックし、

2 ＜このPCを参照＞をクリックします。

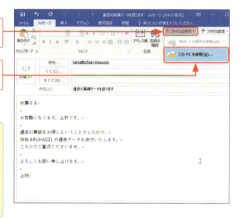

🔑 Keyword

添付ファイルとは

メールに添付するファイルのことを、「添付ファイル」と呼びます。

3 添付したいファイルの場所を開き、

4 添付したいファイルをクリックし、

5 ＜挿入＞をクリックします。

6 ファイルが添付されるので、

7 <送信>をクリックします。

2 デジカメ写真を自動的に縮小する

P.40の手順 1 〜 5 の操作で、メールに画像ファイルを添付しています。

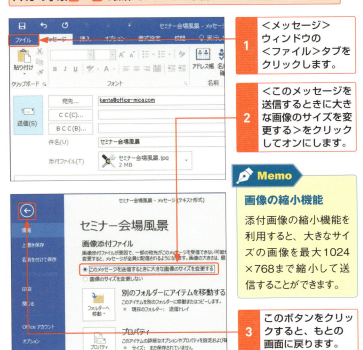

1 <メッセージ>ウィンドウの<ファイル>タブをクリックします。

2 <このメッセージを送信するときに大きな画像のサイズを変更する>をクリックしてオンにします。

Memo

画像の縮小機能

添付画像の縮小機能を利用すると、大きなサイズの画像を最大1024×768まで縮小して送信することができます。

3 このボタンをクリックすると、もとの画面に戻ります。

Section 12

第2章 >> メールの基本操作

受信した添付ファイルを確認する

Outlook 2016では、アプリケーションを起動せずに、添付ファイルの内容を確認できる**プレビュー機能**を備えています。また、添付ファイルをパソコンに保存することも可能です。

1 添付ファイルをプレビュー表示する

1 ファイルが添付されたメールをクリックします。

Memo

添付ファイルのアイコン表示

メールにファイルが添付されている場合、ビューで表示されるメールの一覧にクリップマークのアイコン 📎 が表示されます。

2 ファイル名をクリックすると、

3 ファイルの内容が表示されます。

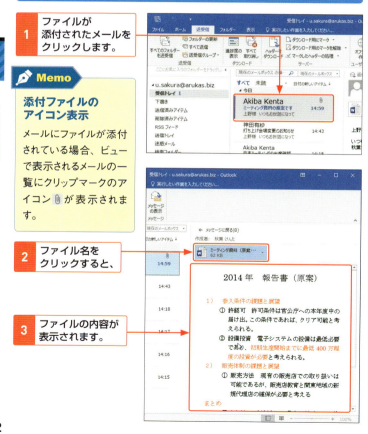

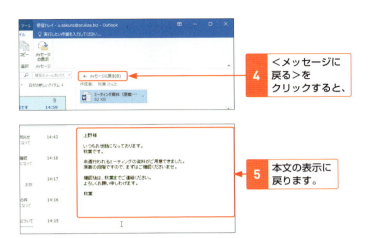

2 添付ファイルを保存する

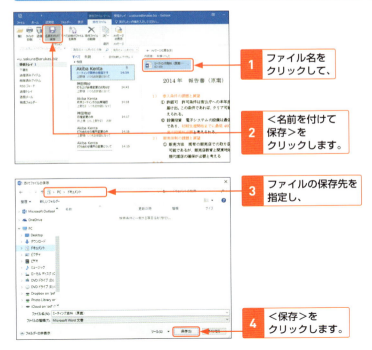

Section

第2章 >> メールの基本操作

13 メールを下書き保存する

作成したメールをあとで見直したい場合や、やむを得ず作業を中断しなければならない場合は、「下書き」に保存します。下書き保存したメールは、あとから編集することも可能です。

1 メールを下書き保存する

1 ＜メッセージ＞ウィンドウを表示して、メールを新規作成します。

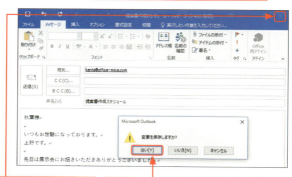

2 ＜閉じる＞×をクリックし、

3 ＜はい＞をクリックすると、メールが下書き保存されます。

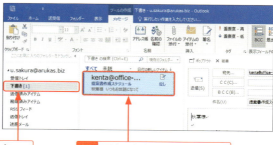

4 ＜下書き＞をクリックすると、

5 下書き保存されたメールが確認できます。

2 下書き保存したメールを送信する

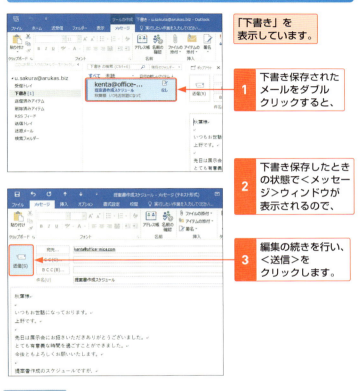

「下書き」を表示しています。

1 下書き保存されたメールをダブルクリックすると、

2 下書き保存したときの状態で＜メッセージ＞ウィンドウが表示されるので、

3 編集の続きを行い、＜送信＞をクリックします。

Memo

「下書き」への自動保存

Outlook 2016では、メールを作成したまま送信しないでいると、自動的に「下書き」に保存されます。自動保存されるまでの時間は、＜Outlookのオプション＞ダイアログボックス（P.27参照）の以下の項目で変更可能です。

Section 14 第2章 >> メールの基本操作

メールを返信／転送する

メールで返事を出すことを返信、メールの内容を他の人に送ることを転送といいます。件名の先頭には、返信はRE：、転送はFW：が付加されます。

1 メールを返信する

1. 返信したいメールをクリックし、

Memo

メールの返信画面

Outlook 2016では、メールの返信／転送画面は<メッセージ>ウィンドウではなく、閲覧ウィンドウの中で表示されます。

2. <返信>をクリックします。

3. 本文を入力して、

4. <送信>をクリックします。

宛先に返信先の名前が表示されます。

件名の先頭に「RE：」が付きます。

受信したメールの情報や本文が引用表示されます。

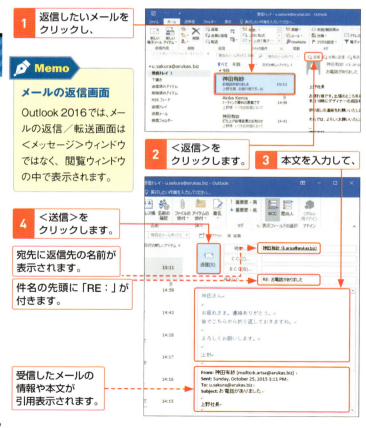

2 メールを転送する

1 転送したいメールをクリックし、

2 ＜転送＞をクリックします。

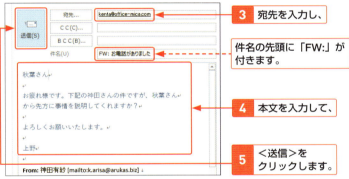

3 宛先を入力し、

件名の先頭に「FW:」が付きます。

4 本文を入力して、

5 ＜送信＞をクリックします。

Memo

テキスト形式の返信

HTML形式やリッチテキスト形式で送られてきたメールは、＜返信＞または＜転送＞をクリックしても、＜メッセージ＞ウィンドウに同じ形式で表示されます。その場合は、以下の方法でテキスト形式に直しましょう。

1 ＜書式設定＞タブをクリックし、

2 ＜テキスト＞をクリックします。

Section 15　第2章 >> メールの基本操作

メール内に表示されていない画像を表示する

画像が挿入されたHTML形式のメールを受信した場合、迷惑メール対策によって、**画像表示がブロック**されます。**信頼できる相手**であれば、設定により画像を表示することができます。

1 メール内に表示されていない画像を表示する

1. 画像が表示されていないメールを表示します。

画像が表示されていません。

2. このメッセージをクリックして、

3. <画像のダウンロード>をクリックすると、

4. 画像が表示されます。

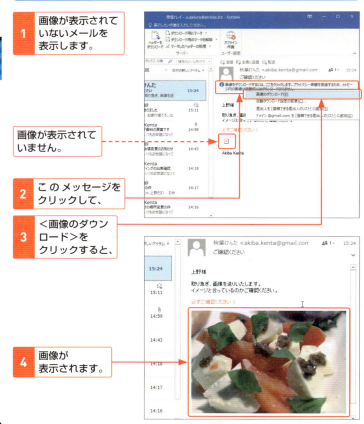

2 特定の相手からのメールの画像を常に表示する

1 画像が表示されていないメールを表示します。

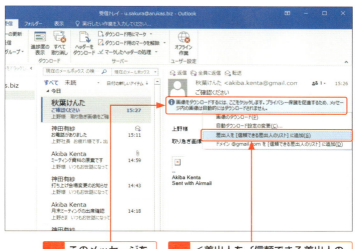

2 このメッセージをクリックし、

3 ＜差出人を〔信頼できる差出人のリスト〕に追加＞をクリックして、

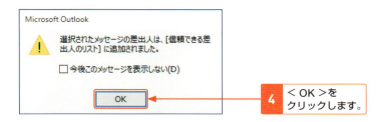

4 ＜OK＞をクリックします。

🔑 Keyword

「信頼できる差出人のリスト」とは

「信頼できる差出人のリスト」とは、送られてきたメールが迷惑メールとして扱われないようにできる、差出人の一覧のことです。「信頼できる差出人のリスト」に追加された差出人は信頼できる相手と見なされるため、送られてきた画像も自動で表示されるようになります。

Section 第2章 >> メールの基本操作

16 署名を作成する

署名とは、自分の名前や連絡先などをまとめたもので、作成するメールの末尾に表示されます。あらかじめ署名を設定しておけば、メール作成時に連絡先を記載する手間が省けます。

1 署名を作成する

P.27を参考に、＜Outlookのオプション＞ダイアログボックスを表示します。

1 ＜メール＞をクリックし、

2 ＜署名＞をクリックします。

3 ＜署名とひな形＞ダイアログボックスが表示されるので、

4 ＜新規作成＞をクリックします。

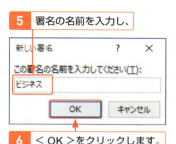

5 署名の名前を入力し、

6 < OK >をクリックします。

署名の名前

手順 **5** で入力する署名の名前は、わかりやすいものを付けておきましょう。また、複数の署名を作成して、切り替えて使用することもできます。

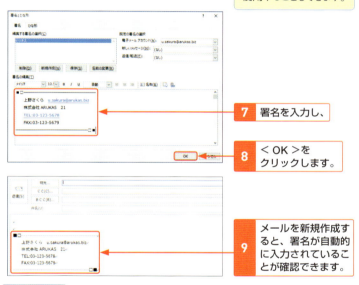

7 署名を入力し、

8 < OK >をクリックします。

9 メールを新規作成すると、署名が自動的に入力されていることが確認できます。

返信／転送時にも署名を付ける

初期設定ではメールを新規作成したときだけ、署名が自動的に挿入されます。メールの返信時や転送時にも署名を付けるには、「既定の署名の選択」から返信／転送時の署名を選択します。

1 ここをクリックして、

2 署名を選択します。

Section 第2章 >> メールの基本操作

17 メールを削除する

削除したメールは、いったん「削除済みアイテム」に移動されます。その後、「削除済みアイテム」から削除することで、完全にメールが削除されます（もとに戻す方法はSec.73参照）。

1 メールを削除する

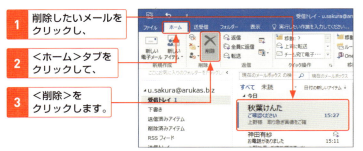

1. 削除したいメールをクリックし、
2. <ホーム>タブをクリックして、
3. <削除>をクリックします。

Memo

メールを完全に削除する

メールは、<削除>をクリックしただけでは完全に削除されません。<削除済みアイテム>をクリックして、再度<削除>をクリックする必要があります。

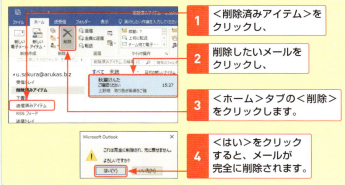

1. <削除済みアイテム>をクリックし、
2. 削除したいメールをクリックし、
3. <ホーム>タブの<削除>をクリックします。
4. <はい>をクリックすると、メールが完全に削除されます。

第3章

メールの便利技

- **Section 18** メールを10分おきに自動で送受信する
- **Section 19** メールを並べ替える
- **Section 20** メールをフォルダーで整理する
- **Section 21** メールをスレッドビューで整理する
- **Section 22** 未読メールのみを表示する
- **Section 23** 特定のキーワードが含まれたメールを表示する
- **Section 24** 特定の相手からのメールを色分けする
- **Section 25** 受信したメールを自動的に振り分ける
- **Section 26** 迷惑メールを処理する
- **Section 27** メールに重要度を設定して送信する
- **Section 28** 相手がメールを開封したかを確認する
- **Section 29** メールの誤送信を防ぐ
- **Section 30** お決まりの定型文を送信する
- **Section 31** 複数のメールアカウントを使い分ける

Section **18** 第3章 >> メールの便利技

メールを10分おきに自動で送受信する

メールは、10分おき、30分おきなど、一定の時間ごとに自動で送受信することができます。初期設定では、30分おきに自動で送受信するよう設定されています。

1 メールを定期的に自動で送受信する

ここでは、メールを10分おきに自動で送受信できるよう設定します。

1 <ファイル>タブをクリックします。

Memo

メールの自動送受信

Outlook 2016では、定期的にメールを自動で送受信することができます。その際、Outlook 2016は起動していて、なおかつパソコンがインターネットに接続されている必要があります。

2 <オプション>をクリックします。

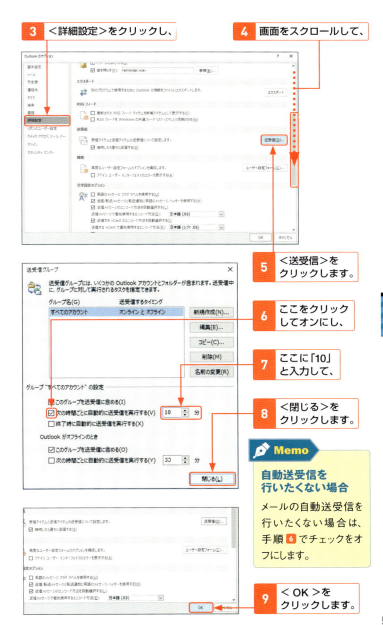

Section 第3章 >> メールの便利技

19 メールを並べ替える

「受信トレイ」に表示されたメールは、日付の古い順や差出人ごとに並べ替えることが可能です。用途に応じて、並べ替えることで、目的のメールがより探しやすくなります。

1 メールを日付の古い順に並べ替える

「受信トレイ」を表示し、メールが日付の新しい順に並んでいます。

1 <日付の新しいアイテム>をクリックすると、

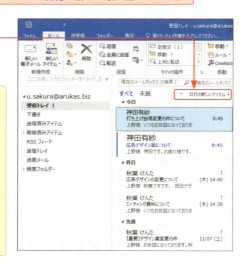

Memo

並び順のアイコン

手順 1 および 2 で、クリック箇所に矢印しか表示されていない場合は、ビューをドラッグして横に広げることで、「日付の新しいアイテム」(「日付の古いアイテム」)が表示されます。

2 「日付の古いアイテム」に表示が変わり、

3 メールが日付の古い順に並びます。

2 メールを差出人ごとに並べ替える

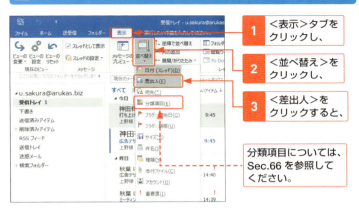

1 <表示>タブをクリックし、

2 <並べ替え>をクリックし、

3 <差出人>をクリックすると、

分類項目については、Sec.66 を参照してください。

4 差出人ごとにメールが並びます。

Memo

並べ替えのテーマ

画面のサイズによっては、手順 2 で並べ替えのテーマを選択できる場合があります。テーマは12種類用意されており、日付や差出人のほか、宛先や件名、メールのサイズなどが選択できます。

Section

第3章 >> メールの便利技

20 メールをフォルダーで整理する

フォルダー機能を利用することで、メールを効率よく管理できます。メールの内容ごとにフォルダーを作成して分類しておくことで、目的の情報がすぐに探し出せるでしょう。

1 新しいフォルダーを作成する

ここでは、新しいフォルダーとして<定例会議>フォルダーを作成します。

1 <フォルダー>タブをクリックし、

2 <新しいフォルダー>をクリックします。

Memo

フォルダーへの自動仕分け

受信したメールを作成したフォルダーに自動的に仕分けすることもできます。詳しくは、Sec.25を参照してください。

3 フォルダー名を入力し、

4 <受信トレイ>をクリックし、

5 < OK >をクリックすると、

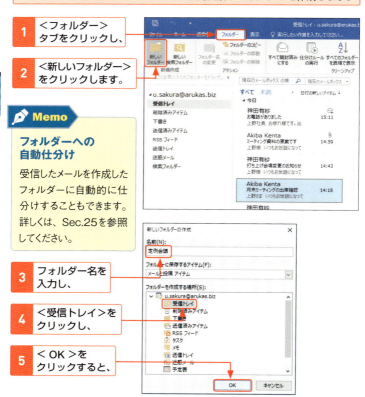

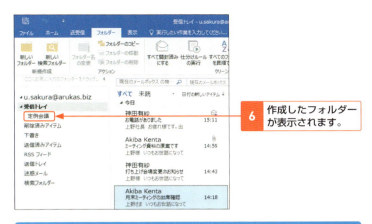

6 作成したフォルダーが表示されます。

2 新しいフォルダーにメールを移動する

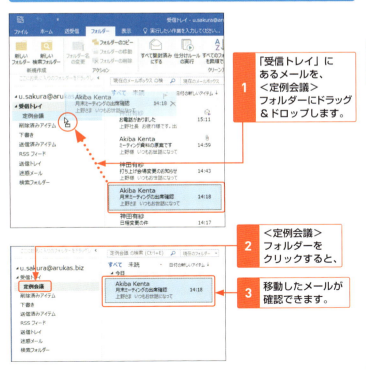

1 「受信トレイ」にあるメールを、＜定例会議＞フォルダーにドラッグ＆ドロップします。

2 ＜定例会議＞フォルダーをクリックすると、

3 移動したメールが確認できます。

3 フォルダーをお気に入りに表示する

1. <フォルダー>タブをクリックし、
2. <定例会議>フォルダーをクリックして、
3. <お気に入りに表示>をクリックすると、

4. 「お気に入り」に表示されます。

> **Memo**
>
> **「お気に入り」とは**
>
> フォルダーウィンドウの上部には、お気に入りのフォルダーを表示することができます。これは、Microsoft EdgeやInternet Explorerの「お気に入り」と同様、よく使うフォルダーを登録して、すばやくアクセスすることができる機能です。

紙面版 電脳会議 一切無料
DENNOUKAIGI

今が旬の情報を満載してお送りします！

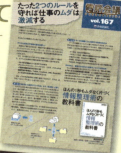

『電脳会議』は、年6回の不定期刊行情報誌です。A4判・16頁オールカラーで、弊社発行の新刊・近刊書籍・雑誌を紹介しています。この『電脳会議』の特徴は、単なる本の紹介だけでなく、著者と編集者が協力し、その本の重点や狙いをわかりやすく説明していることです。現在200号に迫っている、出版界で評判の情報誌です。

毎号、厳選ブックガイドもついてくる!!

『電脳会議』とは別に、1テーマごとにセレクトした優良図書を紹介するブックカタログ（A4判・4頁オールカラー）が2点同封されます。

電子書籍を読んでみよう！

技術評論社　GDP　検索

と検索するか、以下のURLを入力してください。

https://gihyo.jp/dp

1. アカウントを登録後、ログインします。
【外部サービス(Google、Facebook、Yahoo!JAPAN)でもログイン可能】

2. ラインナップは入門書から専門書、趣味書まで1,000点以上！

3. 購入したい書籍を🛒(カート)に入れます。

4. お支払いは「**PayPal**」「**YAHOO!**ウォレット」にて決済します。

5. さあ、電子書籍の読書スタートです！

- **ご利用上のご注意**　当サイトで販売されている電子書籍のご利用にあたっては、以下の点にご留意く
- **インターネット接続環境**　電子書籍のダウンロードについては、ブロードバンド環境を推奨いたします。
- **閲覧環境**　PDF版については、Adobe ReaderなどのPDFリーダーソフト、EPUB版については、EPUBリ
- **電子書籍の複製**　当サイトで販売されている電子書籍は、購入した個人のご利用を目的としてのみ、閲覧、ご覧いただく人数分をご購入いただきます。
- **改ざん・複製・共有の禁止**　電子書籍の著作権はコンテンツの著作権者にありますので、許可を得ない改

Software Design WEB+DB PRESS も電子版で読める

電子版定期購読が便利!

くわしくは、
「Gihyo Digital Publishing」
のトップページをご覧ください。

電子書籍をプレゼントしよう！🎁

Gihyo Digital Publishing でお買い求めいただける特定の商品と引き替えが可能な、ギフトコードをご購入いただけるようになりました。おすすめの電子書籍や電子雑誌を贈ってみませんか？

こんなシーンで… ●ご入学のお祝いに ●新社会人への贈り物に ……

● **ギフトコードとは?** Gihyo Digital Publishing で販売している商品と引き替えできるクーポンコードです。コードと商品は一対一で結びつけられています。

くわしい**ご利用方法**は、「Gihyo Digital Publishing」をご覧ください。

ソフトのインストールが必要となります。
印刷を行うことができます。法人・学校での一括購入においても、利用者1人につき1アカウントが必要となり、他人への譲渡、共有はすべて著作権法および規約違反です。

電脳会議
紙面版
新規送付のお申し込みは…

ウェブ検索またはブラウザへのアドレス入力の
どちらかをご利用ください。
Google や Yahoo! のウェブサイトにある検索ボックスで、

```
電脳会議事務局    検索
```

と検索してください。
または、Internet Explorer などのブラウザで、

https://gihyo.jp/site/inquiry/dennou

と入力してください。

「電脳会議」紙面版の送付は送料含め費用は
一切無料です。
そのため、購読者と電脳会議事務局との間
には、権利&義務関係は一切生じませんので、
予めご了承ください。

技術評論社　電脳会議事務局
〒162-0846　東京都新宿区市谷左内町21-13

4 作成したフォルダーを削除する

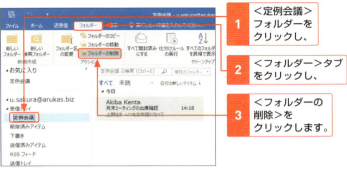

1. <定例会議>フォルダーをクリックし、
2. <フォルダー>タブをクリックし、
3. <フォルダーの削除>をクリックします。

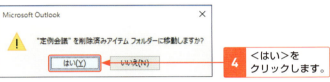

4. <はい>をクリックします。

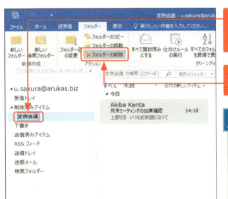

5. <削除済みアイテム>に移動したフォルダーをクリックし、
6. <フォルダーの削除>をクリックします。

📝 Memo

フォルダーの削除

フォルダーの削除を行うと、フォルダー内のメールも一緒に削除されます。

7. <はい>をクリックすると、フォルダーが完全に削除されます。

第3章 メールの便利技

Section 21 メールをスレッドビューで整理する

第3章 >> メールの便利技

同じ件名のメールを1つにまとめて階層表示する機能を、**スレッドビュー**と呼びます。スレッドビューを開くと、同じ件名でやりとりしたメールが一覧表示されます。

1 スレッドビューを表示する

「受信トレイ」を表示しています。

1. ここをクリックし、
2. <スレッドとして表示>をクリックしてオンにします。

Memo　スレッド表示できるビュー

スレッド表示は、日付で並べ替えているときのみ行えます。それ以外の場合は、手順2でチェックをオンにすることはできません。

3. <すべてのメールボックス>をクリックします。

4 同じ相手とやりとりしたメールが、1つにまとめられて表示されます。

5 このアイコンをクリックすると、

6 スレッドが展開されます。

スレッドを閉じるには手順 5 と同じ箇所をクリックします。

2 スレッドビューを整理する

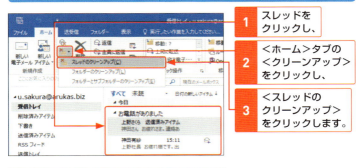

1 スレッドをクリックし、

2 ＜ホーム＞タブの＜クリーンアップ＞をクリックし、

3 ＜スレッドのクリーンアップ＞をクリックします。

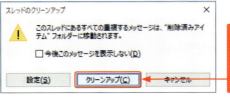

4 ＜クリーンアップ＞をクリックすると、重複した内容のメールがまとめて削除されます。

第3章 メールの便利技

63

Section 22 第3章 >> メールの便利技

未読メールのみを表示する

受信したメールを読んでいない状態を未読、すでに読み終わった状態を既読（開封済み）と呼びます。未読メールのみを表示する機能を利用すれば、重要なメールを見落とす心配がありません。

1 未読メールのみを表示する

「受信トレイ」を表示しています。

1 <未読>をクリックすると、

ここには、未読のメール数が表示されます。

2 未読のメールが表示されます。

<すべて>をクリックすると、もとの表示に戻ります。

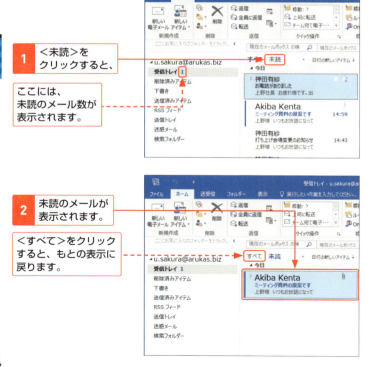

2 既読メールを未読に切り替える

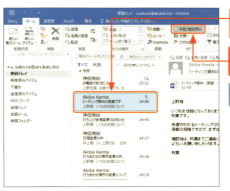

1 既読のメールをクリックし、

2 ＜未読/開封済み＞をクリックすると、

💡 Hint

未読メールの見分け方

未読メールは既読メールよりも差出人名が大きく、件名が青色で表示され、左側に青色の線が付加されています。

3 メールが未読に切り替わります。もう一度クリックすると、既読に切り替わります。

💡 Hint

一定時間経ったら既読にする

未読メールを閲覧ウィンドウに表示した際、一定時間が経ったあとで自動的に既読にする方法があります。P.27を参考に＜Outlookのオプション＞ダイアログボックスを表示し、＜詳細設定＞→＜閲覧ウィンドウ＞の順にクリックします。＜閲覧ウィンドウ＞ダイアログボックスが表示されるので、＜次の時間閲覧ウィンドウで表示するとアイテムを開封済みにする＞をクリックしてオンにしてください。その際、既読に切り替わる秒数も設定することができます。

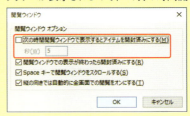

Section **23** 第3章 >> メールの便利技

特定のキーワードが含まれたメールを表示する

ある条件に一致したメールを抽出して表示するのが検索フォルダーです。一度条件を設定しておくと、それ以降に受信したメールも検索対象となり、検索フォルダーに自動で表示されます。

1 検索フォルダーを作成する

ここでは、「ミーティング」の文字を含むメールを検索フォルダーに表示します。

1 <フォルダー>タブをクリックし、

2 <新しい検索フォルダー>をクリックします。

Memo

検索フォルダーの検索条件

ここでは、特定のキーワードを検索条件にしていますが、そのほかにも未読のメール、添付ファイルのあるメールなど、さまざまな条件を選択することができます。

3 <特定の文字を含むメール>をクリックし、

4 <選択>をクリックします。

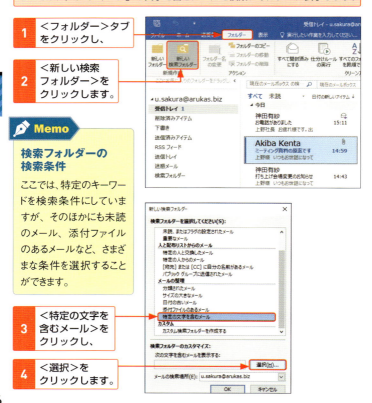

5 「ミーティング」と入力し、

6 ＜追加＞をクリックし、

7 ＜ OK ＞をクリックします。

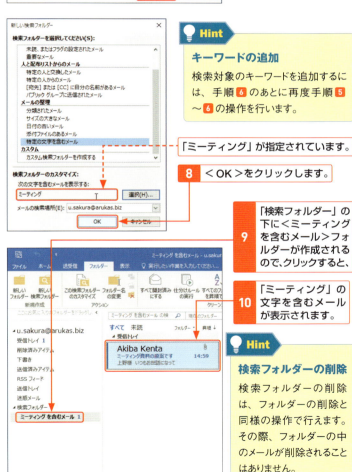

💡 Hint

キーワードの追加

検索対象のキーワードを追加するには、手順 6 のあとに再度手順 5 〜 6 の操作を行います。

「ミーティング」が指定されています。

8 ＜ OK ＞をクリックします。

9 「検索フォルダー」の下に＜ミーティングを含むメール＞フォルダーが作成されるので、クリックすると、

10 「ミーティング」の文字を含むメールが表示されます。

💡 Hint

検索フォルダーの削除

検索フォルダーの削除は、フォルダーの削除と同様の操作で行えます。その際、フォルダーの中のメールが削除されることはありません。

Section | 第3章 >> メールの便利技

24 特定の相手からのメールを色分けする

頻繁にやりとりする相手のメールを色分けしておくと、見た目にわかりやすく、毎回検索する手間が省けます。相手のイメージに合わせた色を設定しましょう。

1 メールを色分けする

1 ＜表示＞タブをクリックし、

2 ＜ビューの設定＞をクリックします。

3 ＜条件付き書式＞をクリックします。

4 ＜追加＞をクリックし、

5 書式の名前を入力し、

6 ＜フォント＞をクリックして設定し（P.69Hint 参照）、

7 ＜条件＞をクリックして設定し（P.69Hint 参照）、

8 ＜OK＞をクリックします。

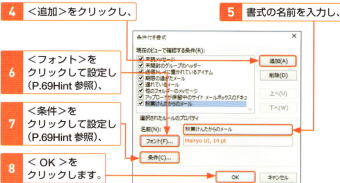

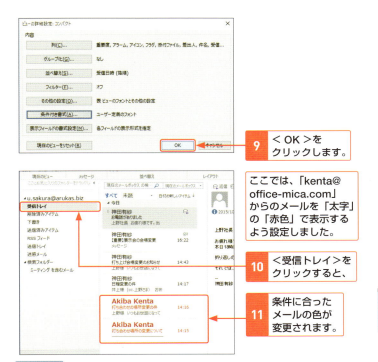

9 < OK >をクリックします。

ここでは、「kenta@office-mica.com」からのメールを「太字」の「赤色」で表示するよう設定しました。

10 <受信トレイ>をクリックすると、

11 条件に合ったメールの色が変更されます。

Hint

フォントや条件の設定

手順 6 で<フォント>をクリックするとフォントの色やスタイルが、手順 7 で<条件>をクリックすると「差出人」の欄に色分けする相手のメールアドレスが設定できます。メールアドレスは必ず手入力してください。

●フォントの設定　　　　　　　　●メールアドレスの設定

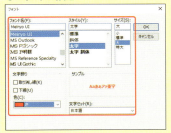

Section 25 受信したメールを自動的に振り分ける

第3章 >> メールの便利技

取引先や上司などから送られてくる重要なメールは、**自動的にフォルダーに振り分ける**ようにしましょう。メールを受信するたびに自動で移動するためとても便利です。

1 仕分けルールを作成する

ここでは、差出人が「神田有紗」のメールを自動的にフォルダーに振り分けます。まずは、「受信トレイ」を表示します。

1 振り分けたいメールをクリックし、
2 <ホーム>タブをクリックし、
3 <ルール>をクリックして、

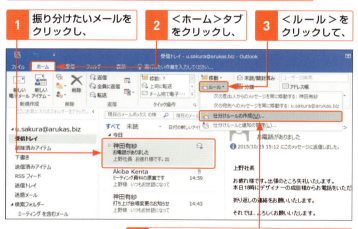

4 <仕分けルールの作成>をクリックします。

5 <差出人が次の場合>をクリックしてオンにし、

6 <アイテムをフォルダーに移動する>をクリックしてオンにします。

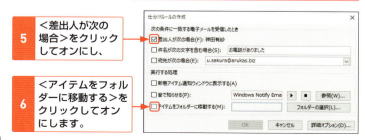

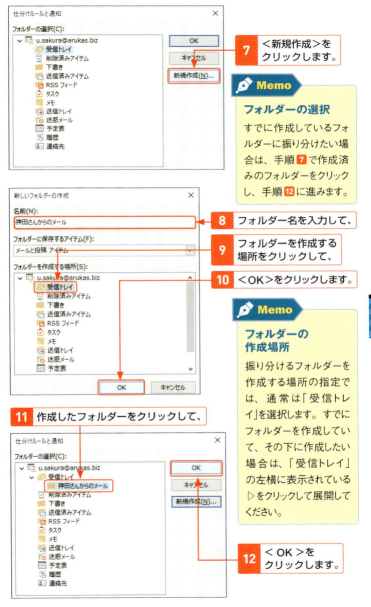

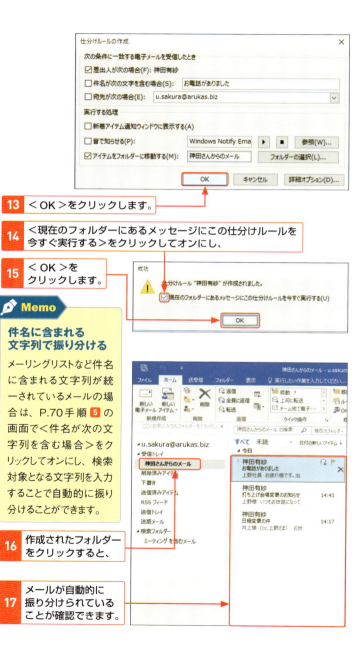

2 仕分けルールを削除する

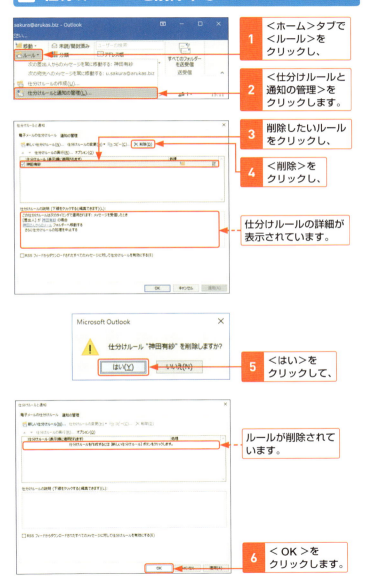

Section 26

第3章 >> メールの便利技

迷惑メールを処理する

Outlook 2016では、**迷惑メール**を「**迷惑メール**」フォルダーに振り分ける機能があります。コンピュータウィルスの感染につながる迷惑メールの取り扱いには、十分に注意しましょう。

1 迷惑メールの処理レベルを設定する

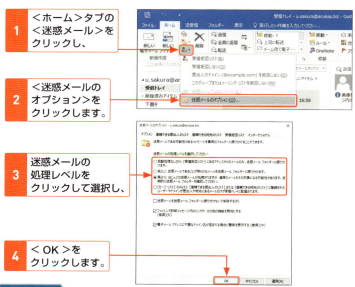

1. <ホーム>タブの<迷惑メール>をクリックし、
2. <迷惑メールのオプション>をクリックします。
3. 迷惑メールの処理レベルをクリックして選択し、
4. < OK >をクリックします。

📝 Memo

迷惑メールの処理レベル

Outlook 2016の初期設定では、迷惑メールの処理レベルが「自動処理なし」になっています。そのため、迷惑メールが届いても「受信トレイ」に表示されてしまいます。ふだん、迷惑メールが多くない場合は「低」を、迷惑メールが多い場合は「高」を選択するとよいでしょう。また、信頼できる相手からのみ受け取る、「[セーフリスト]のみ」も選択できます。

2 迷惑メールを受信拒否リストに入れる

「受信トレイ」を表示しています。

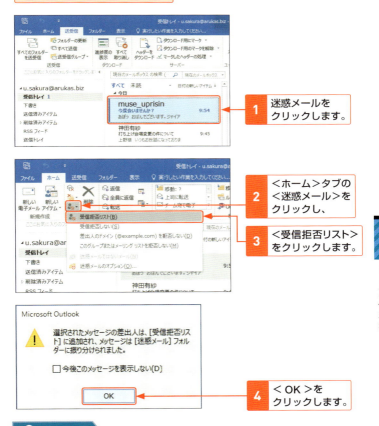

Keyword

受信拒否リストとは

受信拒否リストに迷惑メールを登録すると、以後そのメールアドレスから送信されたメールが、迷惑メールとして扱われます。受信拒否リストの一覧は、＜迷惑メールのオプション＞ダイアログボックス（P.74手順3）の＜受信拒否リスト＞タブで確認することができます。

3 迷惑メールを削除する

Memo

迷惑メールのリンクや添付ファイル

「迷惑メール」内のメールはリンクや添付ファイルが無効になっているため、不用意に開いても問題ありません。

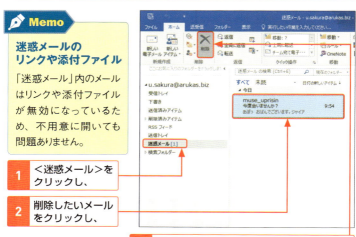

1 ＜迷惑メール＞をクリックし、

2 削除したいメールをクリックし、

3 ＜ホーム＞タブの＜削除＞をクリックします。

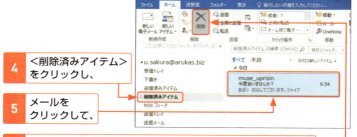

4 ＜削除済みアイテム＞をクリックし、

5 メールをクリックして、

6 ＜削除＞をクリックすると、迷惑メールが完全に削除されます。

Memo

「迷惑メール」は定期的に確認を

知人からのメールや登録したメールマガジンが届いていない場合は、「迷惑メール」を確認してみましょう。大事なメールが、誤って迷惑メールとして判断されてしまうことは多々あります。一般的な傾向として、本文中にURLが多いメールは、迷惑メールとして判断されることが多いようです。誤って削除しないよう、気を付けてください。

4 迷惑メールと判断されたメールを受信できるようにする

「迷惑メール」を表示しています。

1. 迷惑メールと判断されたメールをクリックし、

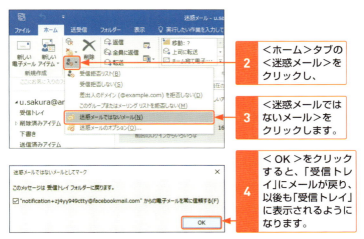

2. <ホーム>タブの<迷惑メール>をクリックし、

3. <迷惑メールではないメール>をクリックします。

4. < OK >をクリックすると、「受信トレイ」にメールが戻り、以後も「受信トレイ」に表示されるようになります。

📝 Memo

「受信トレイ」に戻したメールの扱い

上記の手順で「受信トレイ」に戻したメールのメールアドレスは、「信頼できる差出人のリスト」に登録されます。これにより、以後そのメールアドレスから送信されたメールは、迷惑メールとして扱われなくなり、HTMLメールの画像も自動的に表示されるようになります（Sec.15参照）。

Section 第3章 ≫ メールの便利技

27 メールに重要度を設定して送信する

重要なメールを送信する際は、メールに重要度を設定しておきましょう。重要なメールには「!」マークが付加されるので、相手が見落としてしまうリスクを減らすことができます。

1 メールの重要度を「高」にして送信する

<メッセージ>ウィンドウを表示しています。

1 宛先と件名を入力し、

2 本文を入力します。

3 <重要度 - 高>をクリックし、

4 <送信>をクリックします。

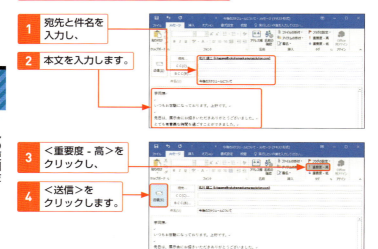

Memo

重要度の設定は本当に重要なときに

メールの重要度設定は、相手にこのメールが重要であることを知らせる便利な機能ですが、あまり頻繁に重要度を設定したメールを送ると相手も慣れてしまい、重要だと思ってもらえないことがあります。本当に重要だと言うことを伝えたいときのみ利用するようにしましょう。

2 重要度が設定されたメールを確認する

1 重要度が設定されたメールを受信すると、メールの一覧に！が付き、

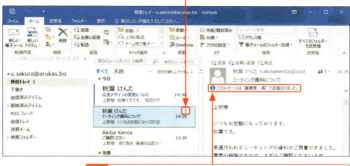

2 メール本文にこのようなメッセージが表示されます。

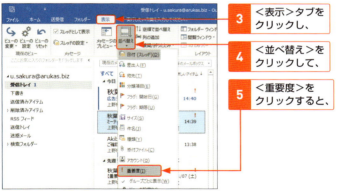

3 <表示>タブをクリックし、

4 <並べ替え>をクリックして、

5 <重要度>をクリックすると、

6 重要度が高いメールをまとめて表示することができます。

第3章 メールの便利技

79

Section 28 第3章 >> メールの便利技

相手がメールを開封したか確認する

重要なメールを送信する際は、**開封通知**を設定しておきましょう。相手がメールを開封すると、開封時間などの情報が記載されたメールが送られてきます。

1 開封通知を設定する

<メッセージ>ウィンドウを表示しています。

1 宛先と件名を入力し、

2 本文を入力します。

3 <オプション>タブをクリックし、

4 <開封確認の要求>をクリックしてオンにし、

Memo

開封通知の利用は節度を守って

開封通知は便利な機能ですが、受信した側からすると煩わしく感じられることもあります。どうしても必要なときのみに利用するようにしましょう。

5 <送信>をクリックします。

2 開封通知のメールを受信する

1 開封通知のメールをクリックすると、

Memo

開封通知の受信内容

相手が使用しているメールソフトの種類によって、メールのタイトルや本文の内容は異なります。

2 メールの開封時間など、詳しい情報が確認できます。

Memo

開封通知は必ずしも万能ではない

開封通知とは、相手がメールを読んでくれたかどうか確認するために使う機能です。開封通知を設定したメールを送信すると、相手がメールを開封したと同時に、上記手順 2 のようなメールが送られてきます。ただし、相手が開封通知に同意していなかったり、開封通知に対応していないメールソフトを使用している場合は、開封通知が送られてこないこともあります。開封通知は、必ずしも確実に開封を確認できるわけではないということに注意しましょう。

Section 29 メールの誤送信を防ぐ

第3章 » メールの便利技

初期設定では、送信操作を行うとすぐにメールが送信されます。**送信するタイミングを遅らせておく**ことで、宛先などが間違ったことに気が付いても、キャンセルすることができます。

1 送信時にメールをいったん送信トレイに保存する

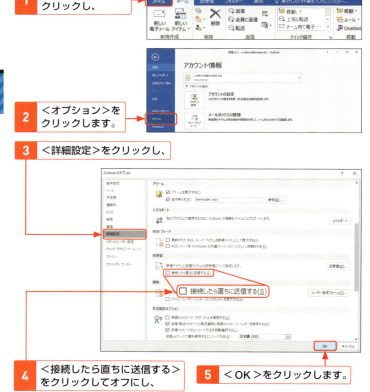

1 <ファイル>タブをクリックし、

2 <オプション>をクリックします。

3 <詳細設定>をクリックし、

4 <接続したら直ちに送信する>をクリックしてオフにし、

5 <OK>をクリックします。

2 送信トレイを確認する

あらかじめ、メールを作成しておきます。

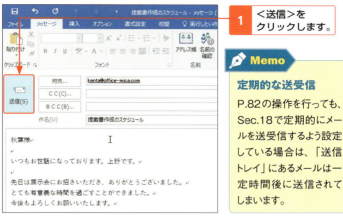

1 ＜送信＞をクリックします。

Memo

定期的な送受信

P.82の操作を行っても、Sec.18で定期的にメールを送受信するよう設定している場合は、「送信トレイ」にあるメールは一定時間後に送信されてしまいます。

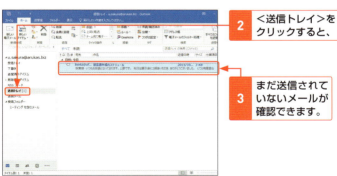

2 ＜送信トレイ＞をクリックすると、

3 まだ送信されていないメールが確認できます。

Hint

「送信トレイ」のメール

「送信トレイ」に保存されたメールを再度編集したい場合は、メールをダブルクリックします。削除する場合は、メールを選択して Delete を押します。メールを送信してもよい場合は、＜送受信＞タブの＜すべてのフォルダーを送受信＞をクリックすることで、直ちに送信することができます。

Section 第3章 >> メールの便利技

30 お決まりの定型文を送信する

毎月行われる定例会の報告など、決まった形式のメールを送信する場合は、定型文を作成しておくと便利です。メールを1から作成する手間が省け、作業効率が向上します。

1 クイック操作で定型文を作成する

1 <ホーム>タブをクリックし、

2 ここをクリックして、

3 <新規作成>をクリックします。

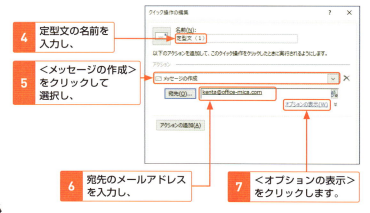

4 定型文の名前を入力し、

5 <メッセージの作成>をクリックして選択し、

6 宛先のメールアドレスを入力し、

7 <オプションの表示>をクリックします。

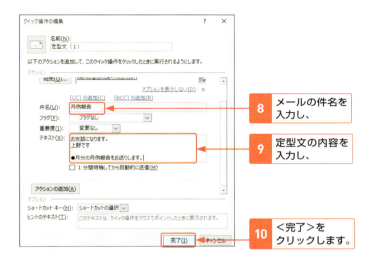

2 定型文を呼び出す

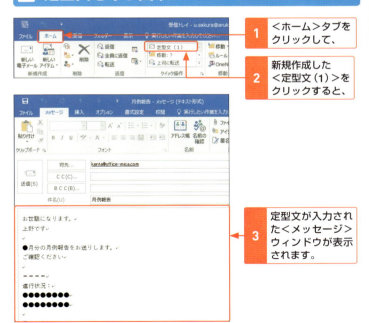

Section **31** 第3章 >> メールの便利技

複数のメールアカウントを使い分ける

仕事用とプライベート用など、用途に合わせて複数のメールを使い分けることができます。また、メールアカウントごとに、メールを受信することも可能です。

1 新しいメールアカウントを追加する

1 <ファイル>タブをクリックし、

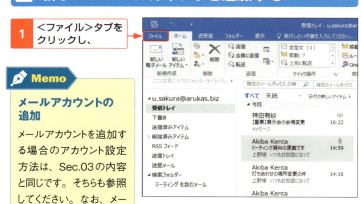

Memo

メールアカウントの追加

メールアカウントを追加する場合のアカウント設定方法は、Sec.03の内容と同じです。そちらも参照してください。なお、メールアカウントの削除や修正は手順 **4** の画面でメールアカウントを指定して<削除>もしくは<変更>をクリックします。

2 ここをクリックし、

3 <アカウント設定>をクリックします。

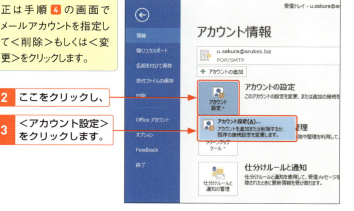

4 ＜新規＞をクリックします。

5 メールアカウントの情報を入力し、

6 ＜次へ＞をクリックすると、

7 フォルダーウィンドウに新しいメールアカウントが表示されます。

2 メールアカウントごとにメールを受信する

1. <送受信>タブをクリックし、
2. <送受信グループ>をクリックし、

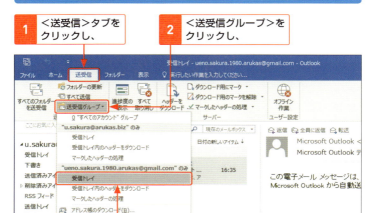

3. 受信したいメールアカウントの<受信トレイ>をクリックすると、

4. メールが受信できます。

3 全アカウントのメールを送受信する

1. <送受信>タブをクリックし、
2. <すべてのフォルダーを送受信>をクリックします。

第4章

連絡先の活用

Section 32 連絡先のしくみ
Section 33 連絡先を登録する
Section 34 連絡先を見やすく表示する
Section 35 受信したメールの差出人を連絡先に登録する
Section 36 連絡先の相手にメールを送信する
Section 37 複数の宛先を1つのグループにまとめる
Section 38 登録した連絡先を削除する／フォルダーで整理する
Section 39 他のソフトの連絡先を取り込む
Section 40 連絡先を書き出して他のソフトで使う

Section 第4章 >> 連絡先の活用

32 連絡先のしくみ

「連絡先」では、相手の名前や勤務先、メールアドレス、電話番号などを登録することができます。また、登録したメールアドレスを宛先にして、メールを作成することも可能です。

1 「連絡先」の画面構成

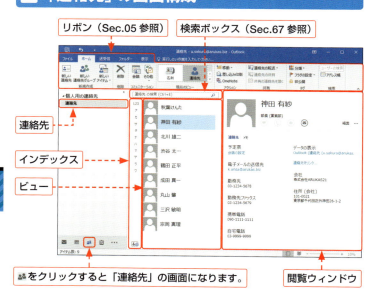

名称	機能
連絡先	登録した連絡先のフォルダーです。フォルダーを新規作成して追加することもできます。
ビュー	登録した連絡先を表示します。全部で8種類の表示方法があります。
インデックス	クリックすると、その文字から始まる姓の連絡先が表示されます。
閲覧ウィンドウ	登録した連絡先のおもな情報が表示されます。

2 ＜連絡先＞ウィンドウの画面構成

連絡先の新規登録は、＜連絡先＞ウィンドウで行います。

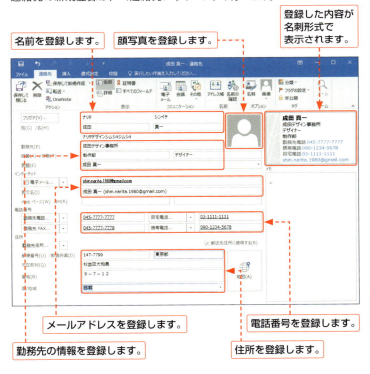

名称	機能
姓／名	名前の姓と名を入力します。フリガナは自動で登録され、あとから編集することも可能です。
勤務先	勤務先名、部署名、役職名が入力できます。個人の場合は登録しなくてもかまいません。
電子メールアドレス	最大3件までメールアドレスが登録できます。
電話番号	自宅や勤務先、携帯電話の電話番号、勤務先のFAX番号などが登録できます。
住所	勤務先住所、自宅住所、その他住所を登録できます。
顔写真	本人を撮影した顔写真を登録できます。

Section 第4章 >> 連絡先の活用

33 連絡先を登録する

連絡先を登録する際、名前、住所、電話番号、メールアドレスなどの情報が必要になります。勤務先の情報も登録できるので、ビジネス用途でOutlook 2016を利用する場合にも便利です。

1 新しい連絡先を登録する

1 ＜新しい連絡先＞をクリックすると、

2 ＜連絡先＞ウィンドウが表示されます。

3 姓、名を入力すると、

4 フリガナと表題が自動的に登録されます。

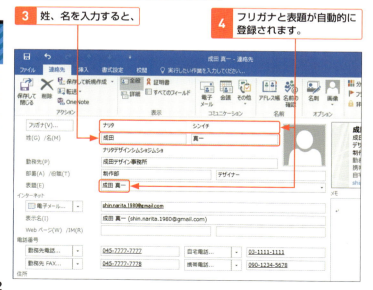

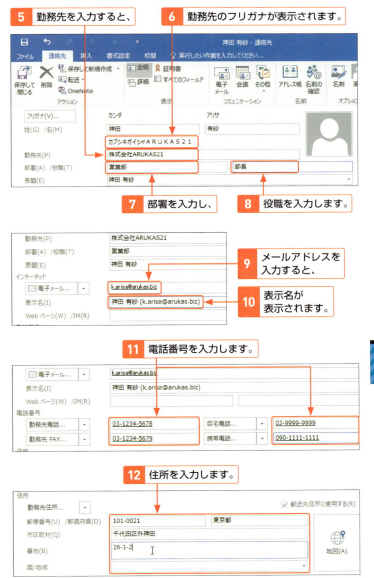

13 ここをクリックして、

14 <日本>をクリックして選択します。

15 登録した内容が表示されるので確認し、

16 <保存して閉じる>をクリックすると、

💡 Hint

登録情報の修正

登録した連絡先をダブルクリックすると、<連絡先>ウィンドウが表示され、各項目の修正を行うことができます。なお、現在のビューが連絡先形式の場合は（Sec.34参照）、簡易編集画面上での修正となります。

17 登録した連絡先がビューに表示されます。

そのほかの登録項目

<連絡先>ウィンドウでは、フリガナの修正、メールアドレスの追加、電話番号の登録項目名の変更、住所の追加と変更、顔写真の登録が可能です。

Hint

同じ勤務先を登録する

登録したい人が、すでに登録している人の勤務先と同じ場合は、その勤務先情報が入力された状態で新規登録することが可能です。

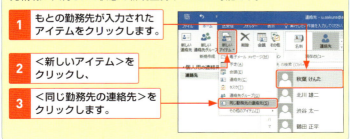

1. もとの勤務先が入力されたアイテムをクリックします。
2. <新しいアイテム>をクリックし、
3. <同じ勤務先の連絡先>をクリックします。

Section 第4章 >> 連絡先の活用

34 連絡先を見やすく表示する

初期設定では、連絡先のビューは連絡先形式で表示されています。登録した連絡先をすばやく確認したい場合は、自分が見やすいビューの形式で表示しましょう。

1 連絡先を名刺形式で表示する

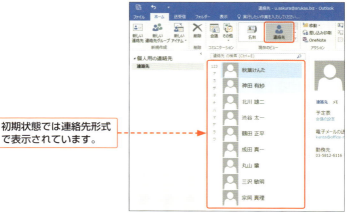

初期状態では連絡先形式で表示されています。

1 <ホーム>タブをクリックし、

2 <名刺>をクリックすると、

3 名刺形式で表示されます。

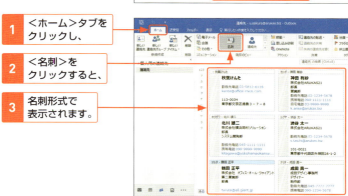

2 連絡先を一覧形式で表示する

1 ＜ホーム＞タブをクリックし、

2 ここをクリックし、

3 ＜一覧＞をクリックすると、

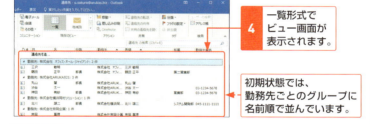

4 一覧形式でビュー画面が表示されます。

初期状態では、勤務先ごとのグループに名前順で並んでいます。

Memo

一覧形式での表示順序

一覧形式では、勤務先のグループごとに連絡先が表示されています。グループ内では名前順に表示されていますが、フリガナ順にはなっておらず、漢字コード順となっています。なお、名刺形式では、フリガナ順に並んでいます。

Memo

そのほかのビュー

利用できるビューには、名刺形式や一覧形式のほかに、名刺形式よりもコンパクトな連絡先カード形式、登録したすべての項目が表示されるカード形式などがあります。

Section 第4章 » 連絡先の活用

35 受信したメールの差出人を連絡先に登録する

受信したメールを<連絡先>にドラッグ&ドロップすると、差出人の名前とメールアドレスが入力された状態で<連絡先>ウィンドウが表示されます。手入力よりも連絡先をすばやく登録することができます。

1 メールの差出人を連絡先に登録する

「メール」の画面を表示しています。

1 登録したい差出人のメールをクリックします。

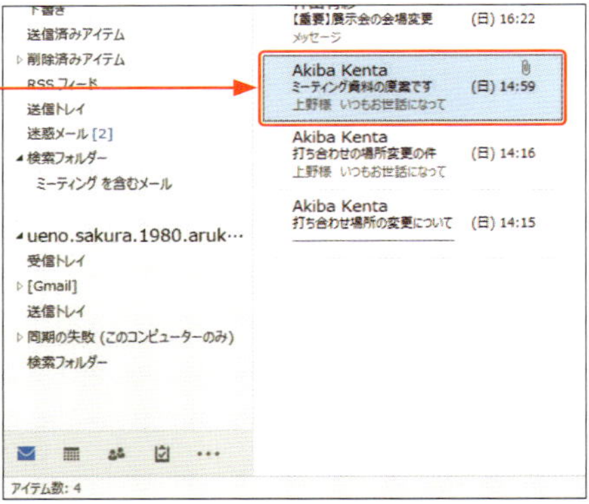

2 <連絡先>にドラッグ&ドロップすると、

第4章 連絡先の活用

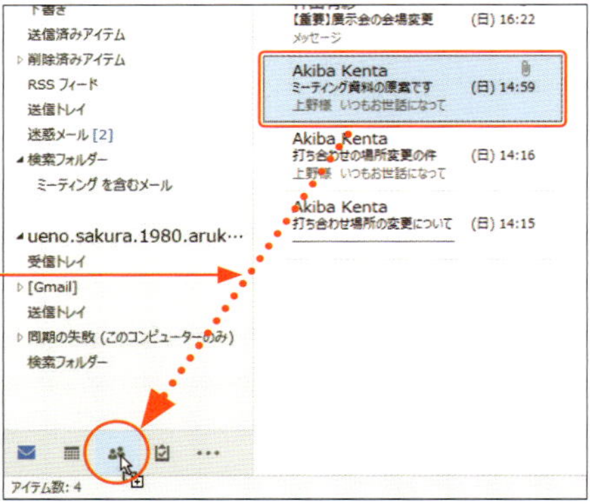

3 ＜連絡先＞ウィンドウが表示されます。

差出人と
メールアドレスが
入力されています。

📝 Memo

**フリガナは
入力されない**

手順 **3** で表示される画面では、差出人の姓名が入力されていますが、メールの内容によっては姓名が逆になっていたり、分離されていなかったりすることがあります。また、フリガナは入力されないので、P.95の上のMemoを参照して入力してください。

4 必要に応じて情報を修正／入力し、

5 ＜保存して閉じる＞をクリックします。

6 ＜連絡先＞をクリックすると、

7 登録した連絡先が確認できます。

第4章 連絡先の活用

99

Section 36 第4章 >> 連絡先の活用

連絡先の相手にメールを送信する

連絡先に登録した相手にメールを送信するには、「連絡先」の画面からメールを作成するか、＜メッセージ＞ウィンドウから宛先を選択してメールを作成します。

1 「連絡先」から宛先を選択してメールを送信する

「連絡先」の画面を表示しています。

1 宛先となる連絡先をクリックし、

2 ＜メール＞ ✉ にドラッグ＆ドロップします。

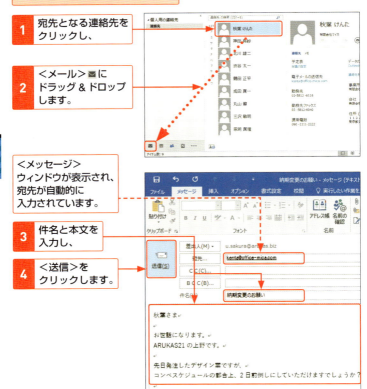

＜メッセージ＞ウィンドウが表示され、宛先が自動的に入力されています。

3 件名と本文を入力し、

4 ＜送信＞をクリックします。

2 ＜メッセージ＞ウィンドウから宛先を選択してメールを送信する

「メール」の画面を表示しています。

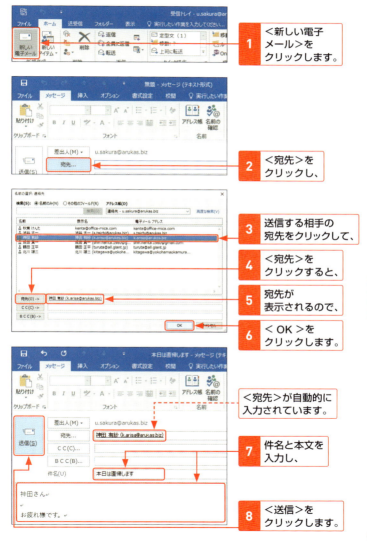

第4章 連絡先の活用

Section 37 第4章 >> 連絡先の活用

複数の宛先を1つのグループにまとめる

複数の相手を1つのグループにまとめ、一斉にメールを送ることができます。同じ部署あるいは同じサークルなどに対して、まとめてメールを送信したいときに便利です。

1 連絡先グループを作成する

「連絡先」の<ホーム>タブを表示しています。

1. <新しい連絡先グループ>をクリックします。
2. グループの名前を入力し、
3. <メンバーの追加>をクリックし、
4. < Outlook の連絡先から>をクリックします。
5. グループのメンバーをクリックし、
6. <メンバー>をクリックすると、
7. 選択したメンバーが表示されます。手順 5 と 6 の操作を繰り返してメンバーを追加します。
8. < OK >をクリックします。

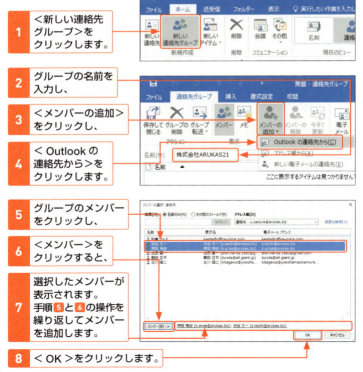

2 連絡先グループを宛先にしてメールを送信する

メールを新規作成して、<メッセージ>ウィンドウを表示しています。

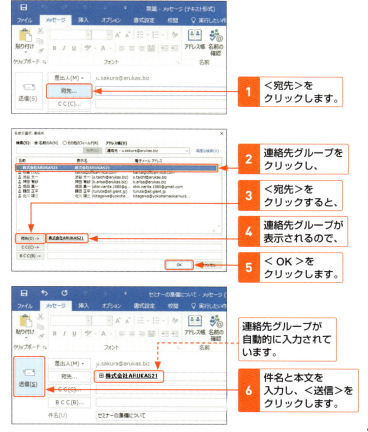

第4章 連絡先の活用

Section 第4章 >> 連絡先の活用

38 登録した連絡先を削除する／フォルダーで整理する

連絡先の登録数が増えてきた場合は、**不要な連絡先を削除したり、フォルダーを新規作成して連絡先をまとめたりする**などの工夫をしてみましょう。

1 登録した連絡先を削除する

1 連絡先をクリックし、

2 ＜削除＞をクリックすると、

3 連絡先が削除されます。

📝 Memo

削除した連絡先

削除した連絡先アイテムは、メールと同様「削除済みアイテム」に移動しています。完全に削除する方法はSec.17を、もとに戻す方法はSec.73を参照してください。

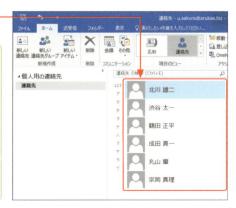

2 連絡先をフォルダーで整理する

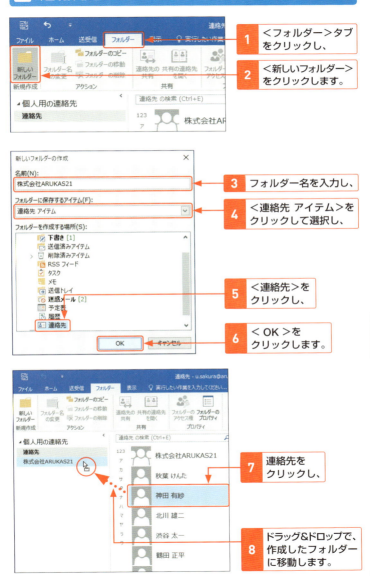

Section 39　第4章 >> 連絡先の活用

他のソフトの連絡先を取り込む

表計算ソフト、他のメールソフト、年賀状ソフトなどで作成した**CSV形式のファイル**を、Outlook 2016に**取り込む**ことができます。他のソフトで利用していた連絡先を移行するときに便利です。

1 連絡先を取り込む

1. <ファイル>タブをクリックし、
2. <開く/エクスポート>をクリックし、
3. <インポート/エクスポート>をクリックします。

> **Memo**
> **取り込むファイル**
> ここでは、Outlook 2016からCSV形式に書き出したファイルを取り込んでいます。Outlook 2016からCSV形式に書き出す方法は、Sec.40を参照してください。

4. <他のプログラムまたはファイルからのインポート>をクリックし、
5. <次へ>をクリックします。

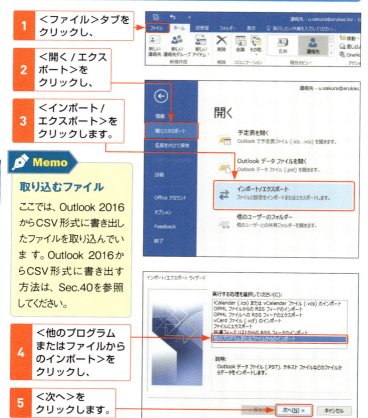

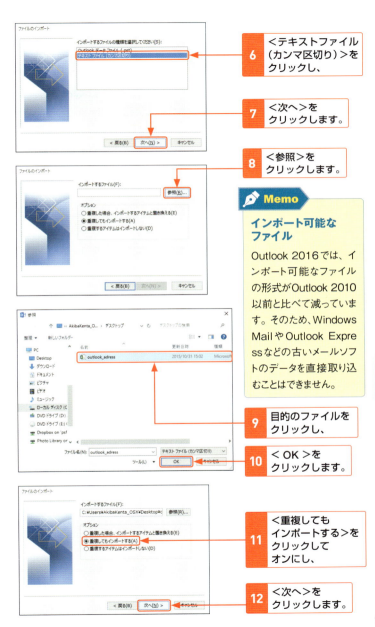

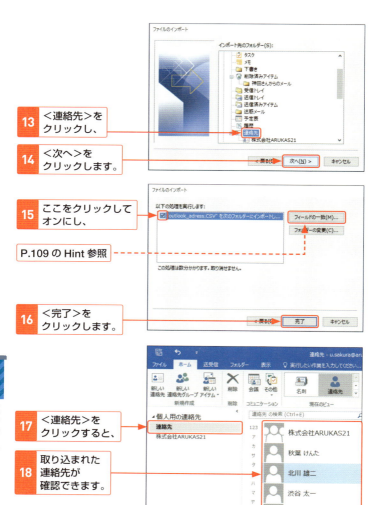

13 <連絡先>をクリックし、

14 <次へ>をクリックします。

15 ここをクリックしてオンにし、

P.109 の Hint 参照

16 <完了>をクリックします。

17 <連絡先>をクリックすると、

18 取り込まれた連絡先が確認できます。

✏ Memo

連絡先の確認

Outlook 2016 以外のアプリケーションから連絡先を取り込んだ場合、各フィールドが正しく登録されているか確認し、必要に応じて修正や削除を行いましょう。

フィールドの一致

Outlook 2016以外のアプリケーションから連絡先を取り込んだ場合、CSVファイル内の項目名とOutlook 2016の項目名を一致させる必要があります。P.108の手順15の画面で＜フィールドの一致＞をクリックして、どの項目にどのデータを読み込むのかの指定を行ってください。

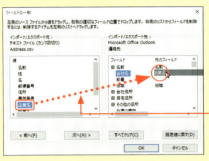

1 インポート元のフィールド名を、インポート先の対応するフィールド名にドラッグ＆ドロップします。

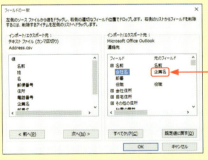

2 「元のフィールド」にインポート元のフィールド名が表示されます。

同様の操作ですべてのフィールドを対応させます。

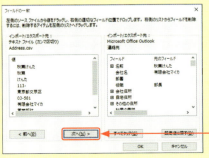

3 ＜次へ＞をクリックすると、実際のデータの値で確認することができます。

Section 40 第4章 >> 連絡先の活用

連絡先を書き出して他のソフトで使う

Outlook 2016から書き出した**CSV形式**のファイルは、表計算ソフト、他のメールソフト、年賀状ソフトなどにも活用できます。また、万が一のときの**バックアップ**にもなります。

1 連絡先を書き出す

1. <ファイル>タブをクリックし、
2. <開く/エクスポート>をクリックし、
3. <インポート/エクスポート>をクリックします。

Memo

インポートとエクスポート

ファイルを読み込むことをインポート、ファイルを書き出すことをエクスポートと呼ぶこともあります。

4. <ファイルにエクスポート>をクリックし、
5. <次へ>をクリックします。

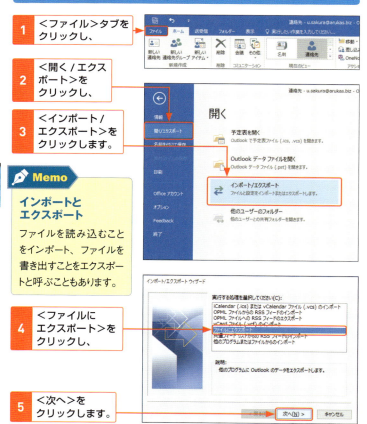

6 <テキストファイル（カンマ区切り）>をクリックし、

Keyword

CSV形式とは

CSV形式とは、データを「,」（カンマ）で区切って並べた、汎用性のあるテキスト形式です。他のメールソフトや年賀状ソフトなどで使用することができます。

7 <次へ>をクリックします。

8 <連絡先>をクリックし、

9 <次へ>をクリックします。

Memo

連絡先フォルダーの指定

連絡先内にフォルダーを作成している場合、取り込みたいフォルダーを1つのみ指定することができます。

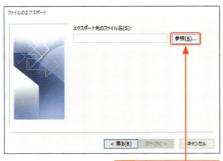

10 <参照>をクリックします。

Memo

Outlookのバックアップ

連絡先をCSV形式で書き出すことで、バックアップファイルとしても利用できます。なお、Outlook全体のバックアップ方法は、Sec.75を参照してください。

11	保存先(ここではリムーバルディスク)をクリックして、
12	ファイル名を入力して、
13	<OK>をクリックします。
14	<次へ>をクリックします。
15	ここをクリックしてオンにし、
16	<完了>をクリックします。
17	書き出したファイルは、エクスプローラーで確認することができます。

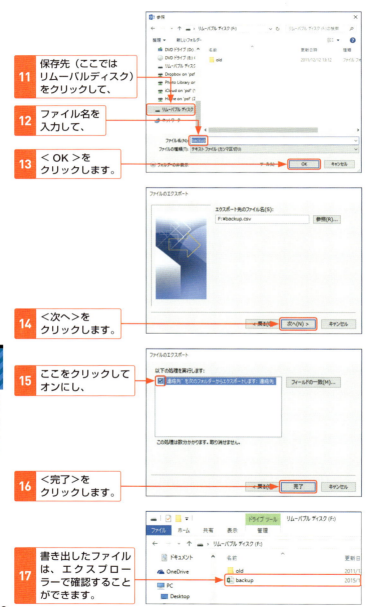

第4章 連絡先の活用

112

第5章

予定表の管理

Section 41 予定表のしくみ
Section 42 予定表に祝日を設定する
Section 43 8時から18時までを稼働時間に設定する
Section 44 新しい予定を登録する
Section 45 登録した予定を確認する
Section 46 終了していない予定を確認する
Section 47 天気予報の表示を設定する
Section 48 予定の時刻にアラームを鳴らす
Section 49 予定を変更する／削除する
Section 50 定期的な予定を登録する
Section 51 終日の予定を登録する
Section 52 仕事用とプライベート用とで予定表を使い分ける
Section 53 メールの内容を予定として登録する

Section **41**

第5章 >> 予定表の管理

予定表のしくみ

「予定表」では、開始時刻と終了時刻、件名、場所のほか、詳細なメモも登録可能です。また、予定表は1日単位、1週間単位、1カ月単位など、さまざまな形式で表示できます。

1 「予定表」の画面構成

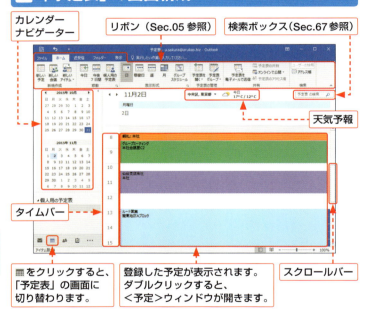

名称	機能
カレンダーナビゲーター	1カ月分のカレンダーが表示されます。日付をクリックすると、その日の予定が確認できます。
スクロールバー	スクロールすると、前後の時間帯や前後の月を表示できます。
タイムバー	時刻を表示します。
天気予報	設定した地域の天気予報を表示します。

2 ＜予定＞ウィンドウの画面構成

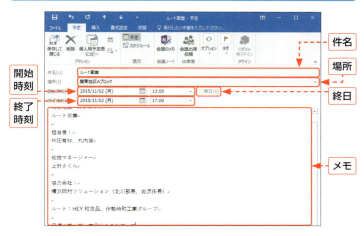

名称	機能
件名	予定の名前を表示します。
場所	予定が行われる場所を表示します。
開始時刻／終了時刻	予定の開始日と開始時刻、終了日と終了時刻を表示します。
終日	一日中の予定があるとき、チェックを入れて登録します。
メモ	詳しい予定の内容を登録します。

3 さまざまな表示形式

今後7日間の予定が表示されます。

各ボタンをクリックして、1日単位、稼働日、1週単位、1カ月単位の表示形式に切り替えられます。

ビジネス用とプライベート用の予定表を使い分け、同じ画面に並べて表示することができます。

Section 第5章 >> 予定表の管理

42 予定表に祝日を設定する

Outlook 2016の初期設定では、祝日が表示されていません。予定表をカレンダー代わりに使いたい場合は、予定表に祝日を設定しておきましょう。

1 予定表に祝日を設定する

1 <ファイル>タブをクリックし、

2 <オプション>をクリックします。

3 <予定表>をクリックし、

4 <祝日の追加>をクリックします。

Memo

そのほかの暦の表示

手順 4 の下にある<他の暦を表示する>をクリックしてオンにすることで、六曜、旧暦、干支を表示することもできます。

> **Memo**
>
> ### 祝日の設定
> 手順 5 の操作では、日本だけでなく他の国や地域の祝日を複数設定することができます。

5 <日本>をクリックしてオンにし、

6 < OK >をクリックします。

7 < OK >をクリックします。

8 < Outlook のオプション>ダイアログボックスに戻るので、< OK >をクリックします。

9 予定表に祝日が設定されていることが確認できます。

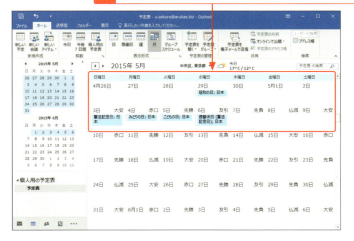

第5章 予定表の管理

Section 第5章 >> 予定表の管理

43 8時から18時までを稼働時間に設定する

平日の8〜18時が仕事の場合、平日を稼働日、8〜18時を稼働時間と呼びます。稼働日と稼働時間のみ表示すれば、仕事がない日の予定が省略され、見た目にもわかりやすくなります。

1 稼働時間を設定する

1 <ファイル>タブをクリックし、

2 <オプション>をクリックします。

3 <予定表>をクリックし、

4 稼働時間を設定し、

5 稼働日をクリックしてオンにし、

6 <OK>をクリックします。

2 稼働日を表示する

「予定表」を1週間単位で表示しています。

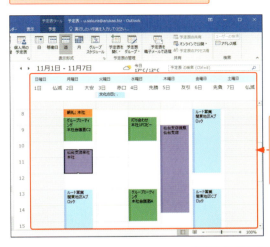

日曜日から土曜日までの1週間分の予定が表示され、稼働時間は背景が白く表示されます。

1 <稼働日>をクリックすると、

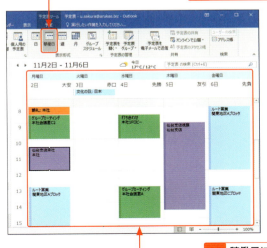

2 稼働日に設定した曜日のみ表示されます。

第5章 予定表の管理

Section | 第5章 >> 予定表の管理

44 新しい予定を登録する

新しい予定を登録するためにはまず、**<予定>ウィンドウ**を表示します。**件名**、**場所**、**開始時刻**、**終了時刻**を登録すれば、「予定表」に予定が表示されます。

1 新しい予定を登録する

ここでは、12月14日の13時から16時に行われる「営業会議」を登録します。「予定表」の<ホーム>タブを表示します。

1 予定を登録する日付をクリックし、

2 <新しい予定>をクリックします。

Hint

表示月を切り替える

カレンダーナビゲーターの表示月を変えるには、年月が表示されている部分の左右にある矢印(◀▶)をクリックします。

3 件名と場所を入力し、

4 ここをクリックし、

5 <開始時刻>をクリックして選択します。

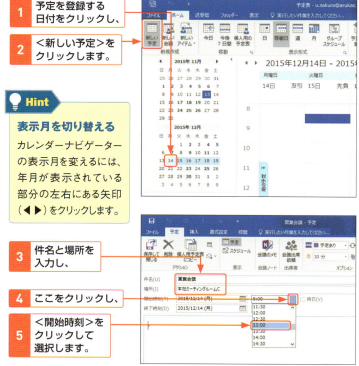

> **Hint**
>
> ### 時刻の直接入力
>
> 手順 5 や 7 では、キーボードから直接時刻を入力することもできます。

6 ここをクリックし、

7 <終了時刻>をクリックして選択します。

8 <保存して閉じる>をクリックします。

この部分には、詳細な情報をメモとして登録することが可能です。

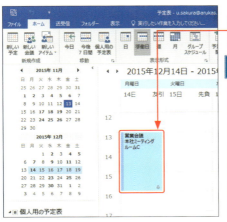

9 新しい予定が登録されています。

> **Hint**
>
> ### そのほかの予定登録方法
>
> 予定表の日付や日時を直接ダブルクリックすることで、その日付および時間が入力された状態の<予定>ウィンドウを開くこともできます。

Section **第5章 >> 予定表の管理**

45 登録した予定を確認する

予定表の表示形式は、1日の予定を詳しく表示する**1日単位**、1週間分の予定を通しで表示する**1週間単位**、1カ月の予定をおおまかに表示する**1カ月単位**などがあります。

1 予定表の表示形式を切り替える

「予定表」の<ホーム>タブを表示しています。

1 <日>をクリックすると、

2 登録した予定が1日単位で表示されます。

💡 Hint

ポップアップ表示

予定の上にマウスカーソルをポイントすると、予定内容がポップアップ表示されます。

3 <週>をクリックすると、

4 登録した予定が1週間単位で表示されます。

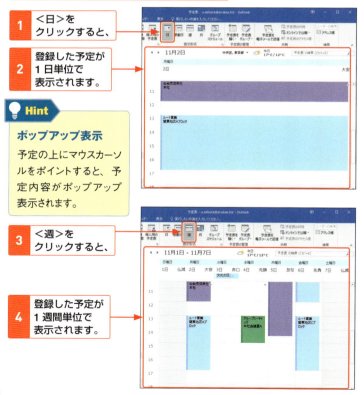

第5章 予定表の管理

5 <月>をクリックすると、

6 登録した予定が1カ月単位で表示されます。

Hint

今日の予定を表示

<今日>をクリックすると、今日の予定が表示されます。

2 予定の詳細情報を表示する

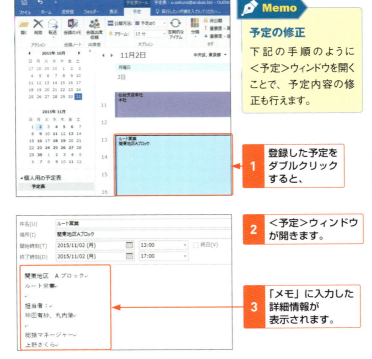

Memo

予定の修正

下記の手順のように<予定>ウィンドウを開くことで、予定内容の修正も行えます。

1 登録した予定をダブルクリックすると、

2 <予定>ウィンドウが開きます。

3 「メモ」に入力した詳細情報が表示されます。

第5章 予定表の管理

Section 46　第5章 >> 予定表の管理

終了していない予定を確認する

登録した予定が増えていくと、今後どのような予定があるのか把握しづらくなります。そのような場合は、ビューを変更して、終了していない予定を一覧表示しましょう。

1 終了していない予定を一覧で表示する

1 <表示>タブをクリックし、

2 <ビューの変更>をクリックして、

3 <アクティブ>をクリックすると、

4 終了していない予定が、終了日の日付順に一覧で表示されます。

ビューの変更

手順 3 の操作で<一覧>をクリックすると、すべての予定が一覧表示されます。なお、ビューをもとに戻すには、手順 3 の操作で<予定表>をクリックします。

2 終了していない予定を場所ごとに表示する

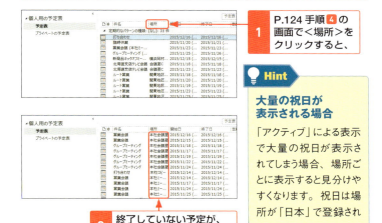

1 P.124 手順 4 の画面で＜場所＞をクリックすると、

2 終了していない予定が、場所ごとに表示されます。

> **Hint**
>
> **大量の祝日が表示される場合**
>
> 「アクティブ」による表示で大量の祝日が表示されてしまう場合、場所ごとに表示すると見分けやすくなります。祝日は場所が「日本」で登録されています。

3 今後7日間の予定を表示する

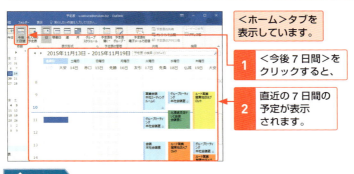

＜ホーム＞タブを表示しています。

1 ＜今後7日間＞をクリックすると、

2 直近の7日間の予定が表示されます。

> **Memo**
>
> **「今後7日間」と「1週間単位表示」の違い**
>
> 「今後7日間」による表示では、今日の日付から7日分の予定が表示されます。直近の終了していない予定を確認したい場合に便利です。それに対して、「1週間単位表示」では、開始曜日から今週の7日間が表示されるため、曜日によっては終了した予定も表示されてしまいます。

Section **47** 第5章 » 予定表の管理

天気予報の表示を設定する

Outlook 2016では、「予定表」に天気予報を表示する機能があります。ウィンドウの表示を広げることで最大3日分の天気予報を表示することができます。

1 天気予報の表示地域を設定する

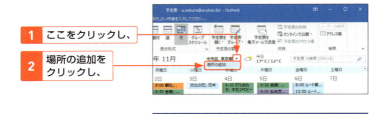

1 ここをクリックし、
2 場所の追加をクリックし、

3 市区町村名を入力して、
4 ここをクリックすると、

5 天気予報の表示地域が変更されます。

Memo

天気予報の表示地域

手順 4 のあとに複数の候補が表示された場合は、該当する地域をクリックします。また、表示地域は、郵便番号を入力して設定することもできます。

2 天気予報を表示しないようにする

1. <ファイル>タブをクリックし、

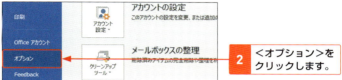

2. <オプション>をクリックします。

3. <予定表>をクリックし、

4. <予定表に天気予報を表示する>をクリックしてオフにし、

5. <OK>をクリックすると、

6. 天気予報が非表示になります。

💡 Hint

表示地域の切り替えと削除

複数の表示地域を登録した場合、▼をクリックして地域を変更することができます。その際、✕をクリックすることで地域の削除が行えます。

第5章 予定表の管理

Section 第5章 >> 予定表の管理

48 予定の時刻にアラームを鳴らす

Outlook 2016には、登録した予定の時刻が迫ると、**アラーム**や**ダイアログボックス**で知らせてくれる機能があります。重要な予定には、あらかじめアラームを設定しておきましょう。

1 アラームを設定する

ここでは、予定の1時間前にアラームを鳴らす設定を行います。

| 1 | <ホーム>タブをクリックし、 |
| 2 | <新しい予定>をクリックします。 |

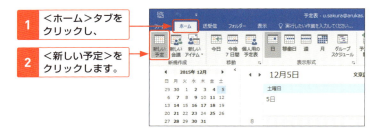

3	予定を入力し、
4	ここをクリックし、
5	アラームを鳴らす時刻をクリックして設定し、

 Memo

アラームを設定する時刻

Outlook 2016では、アラームを予定時刻のどれくらい前に鳴らすかを設定することができます。なお、アラームの鳴る時刻にOutlook 2016が起動していないとアラームは鳴りません。

| 6 | <保存して閉じる>をクリックします。 |

2 アラームを確認する

1 設定した時刻になると＜アラーム＞ダイアログボックスが表示され、アラームが鳴ります。

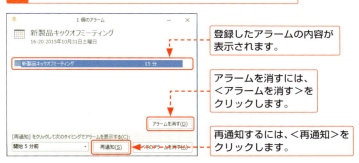

登録したアラームの内容が表示されます。

アラームを消すには、＜アラームを消す＞をクリックします。

再通知するには、＜再通知＞をクリックします。

アラームの初期設定

Outlook 2016の初期設定では、予定を登録するときに予定の15分前にアラームが鳴るよう、設定されています。これを変更するには＜Outlookオプション＞ダイアログボックスの「予定表」の項目で「アラームの規定値」から時間を選択します。

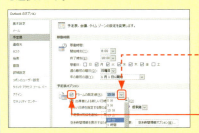

ここをクリックすると、アラーム時間の規定値を設定できます。

ここのチェックを外すと、アラーム時間の規定値を「なし」にできます。

また、その下のほうにある＜アラームを設定した予定および会議は予定表にベルのアイコンを表示する＞のチェックをオンにすると、アラームを設定した予定にベルのアイコンが表示されるようになります（1カ月単位表示を除く）。

Section 49

第5章 >> 予定表の管理

予定を変更する／削除する

登録した予定に変更が生じた場合、日時や場所を修正することができます。また、予定がキャンセルになった場合には、登録した予定そのものを削除することが可能です。

1 予定を変更する

1 変更したい予定をクリックし、

2 <開く>をクリックします。

3 日付や時刻を変更して、

4 <保存して閉じる>をクリックすると、

Memo

予定をダブルクリック

手順 1 ～ 2 の操作の代わりに、予定をダブルクリックすることでも<予定>ウィンドウが表示されます。

5 日付と時刻が変更されました。

StepUp

マウス操作による変更操作

予定のアイテムをドラッグしたり、範囲を変更したりすることでも、日付や時刻を変更することができます。

2 予定を削除する

1 削除したい予定をクリックし、

2 ＜削除＞をクリックすると、

Memo

予定の削除

手順 **2** の代わりに、Delete を押すことでも予定の削除が行えます。

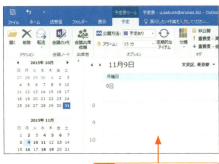

3 予定が削除されます。

StepUp

予定のコピー＆ペースト

予定のアイテムをクリックし、Ctrl を押しながら c でコピーが、コピー先をクリックして Ctrl を押しながら v でペーストが行えます。

第5章 予定表の管理

Section 第5章 >> 予定表の管理

50 定期的な予定を登録する

「毎週月曜日の朝8時から30分間は朝礼」というように、同じパターンで予定がある場合は、定期的な予定として設定しておきましょう。予定表を毎回入力する手間が省け、とても便利です。

1 定期的な予定を登録する

ここでは、「月曜日の朝8時から8時30分まで、毎週朝礼を実施する」という予定を登録します。

1 <新しい予定>をクリックします。

2 定期的な予定の内容や開始日を入力し、

3 <定期的なアイテム>をクリックします。

Memo

定期的な予定の登録

定期的な予定の登録では、「毎週月曜日」、「毎月の第2金曜日」、「隔月の10日」といった細かい指定が可能です。期間の終了日や予定の繰り返し回数も指定できます。

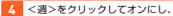

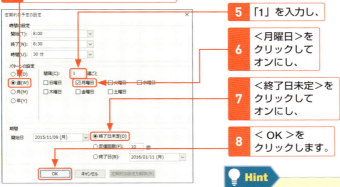

4 <週>をクリックしてオンにし、
5 「1」を入力し、
6 <月曜日>をクリックしてオンにし、
7 <終了日未定>をクリックしてオンにし、
8 < OK >をクリックします。

9 定期的な予定のパターンが表示されます。

10 <保存して閉じる>をクリックします。

Hint

定期的な予定の間隔

手順 5 では、毎週の予定なので「1」を入力しました。隔週の場合は「2」を入力します。同様にして、手順 4 で<日><月><年>を選択することで、毎日、隔月、3年ごとといった設定も可能です。

11 毎週月曜日に、定期的な予定が登録されます。

Memo

定期的な予定のアイコン

定期的な予定を登録すると、1カ月単位表示以外の表示形式では、図のようなアイコンが表示されます。

第5章 予定表の管理

Section 51 終日の予定を登録する

第5章 >> 予定表の管理

丸一日行われる予定は、時間を指定せず終日として登録することができます。また、旅行などのように、複数にわたる日をすべて終日に登録することも可能です。

1 終日の予定を登録する

ここでは、「11月12日から11月13日に社員旅行で箱根に行く」という予定を登録します。

1. カレンダーナビゲーターにある「11月12日」の日付をクリックし、
2. <新しい予定>をクリックします。

Memo

祝日は終日の予定として登録されている

Sec.42で登録した祝日は、終日の予定として登録されています。

3. 件名と場所を入力し、
4. <終日>をクリックしてオンにします。

Memo

終日の予定を時刻入りの予定に変更する

終日の予定を時刻入りの予定にしたい場合は、<予定>ウィンドウを表示し、<終日>のチェックをオフにして開始時刻と終了時刻を指定します。

Hint

終日の予定をすばやく登録する

1カ月単位表示の場合、選択した日をクリックすると、即座に終日の予定の件名を入力することができます。

Section 52

第5章 >> 予定表の管理

仕事用とプライベート用とで予定表を使い分ける

Outlook 2016では、仕事用とプライベート用など、**複数の予定表**を持つことができます。同じ画面に2つの予定表を並べて表示したり、重ねて表示したりすることが可能です。

1 新しい予定表を作成する

「予定表」の<ホーム>タブを表示しています。

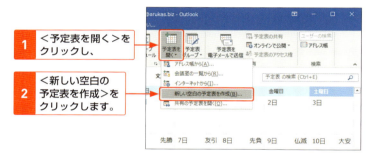

1. <予定表を開く>をクリックし、
2. <新しい空白の予定表を作成>をクリックします。

3. 予定表の名前を入力し、
4. <予定表>をクリックし、
5. <OK>をクリックします。

| 6 | ＜プライベートの予定表＞をクリックしてオンにすると、 | 7 | 「プライベートの予定表」が表示されます。 |

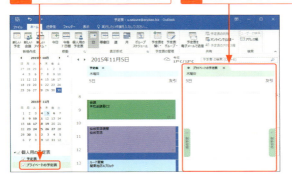

| 8 | ＜予定表＞をクリックしてオフにすると、 | 9 | 「プライベートの予定表」のみが表示されます。 |

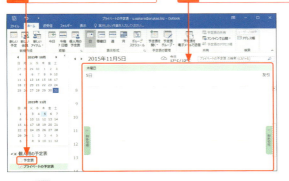

Hint

予定表の色を変更する

予定表の色は自動的に決められています。以下の操作で、好みの色に変更可能です。

1 ＜表示＞タブをクリックし、

2 ＜色＞をクリックし、

3 変更したい色をクリックします。

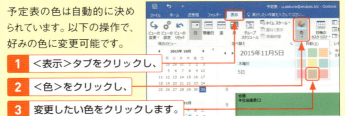

第5章 予定表の管理

Section | 第5章 >> 予定表の管理

53 メールの内容を予定として登録する

受信したメールを<予定表>にドラッグ&ドロップし、予定として登録することができます。時間や場所を入力して保存すれば、通常の登録時と同じように予定が反映されます。

1 メールの内容を「予定表」に登録する

「メール」の画面を表示しています。

1 メールをクリックし、

2 <予定表>■にドラッグ&ドロップします。

Memo

ドラッグ&ドロップで登録される内容

メールを<予定表>にドラッグ&ドロップすると、<予定>ウィンドウが表示され、件名、開始時刻、終了時刻、メモが自動入力されます。必要に合わせて適宜修正してください。

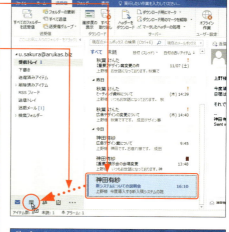

3 <予定>ウィンドウが表示されるので、予定の内容を修正し、

4 <保存して閉じる>をクリックします。

第6章

タスクの管理

Section 54　タスクのしくみ
Section 55　新しいタスクを登録する
Section 56　タスクの詳細情報を登録する
Section 57　毎週の締め切りを設定する
Section 58　登録したタスクを確認する
Section 59　完了したタスクにチェックマークを付ける
Section 60　タスクの締め切り日にアラームを鳴らす
Section 61　タスクを変更する／削除する
Section 62　メールの内容をタスクとして登録する
Section 63　タスクと予定表を連携する

Section

第6章 >> タスクの管理

54 タスクのしくみ

Outlook 2016では、これから取り組むべき仕事のことを**タスク**と呼びます。「**タスク**」は、「○日までに仕事を完了する」という期限日を設定して管理することができます。

1 「タスク」の画面構成

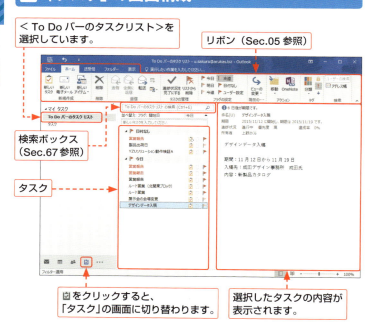

名称	機能
To Doバーのタスクリスト	まだ完了していないタスクを表示します。
タスク	登録したタスクが一覧となって表示されます。P.141参照。

2 タスクの一覧表示画面

登録したタスクが一覧となって表示されます。期限が過ぎたタスクは赤字で表示され、完了したタスクには、取り消し線が引かれています。

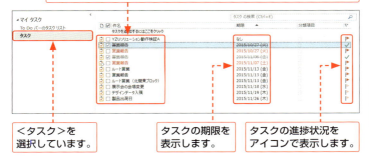

＜タスク＞を選択しています。

タスクの期限を表示します。

タスクの進捗状況をアイコンで表示します。

3 ＜タスク＞ウィンドウの画面構成

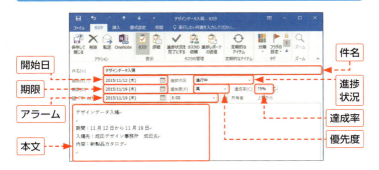

名称	機能
開始日	タスクの開始日を登録します。
期限	タスクの期限日を登録します。
アラーム	指定した時刻に、アラーム音とメッセージで知らせます。
本文	タスクの詳しい内容を登録します。
件名	タスクの件名を登録します。
進捗状況	タスクの進捗状況を登録します。
達成率	タスクの達成率を登録します。
優先度	タスクの優先度を登録します。

Section

第6章 》 タスクの管理

55 新しいタスクを登録する

タスクの登録は、**<タスク>ウィンドウ**から行います。タスクの件名や開始日、期限などを登録すると、タスクの画面に一覧表示されます。

1 新しいタスクを登録する

1 <To Do バーのタスクリスト>をクリックし、

2 <ホーム>タブをクリックして、

3 <新しいタスク>をクリックします。

4 <タスク>ウィンドウが表示されるので、件名を入力し、

5 ここをクリックし、

🔑 Keyword

タスク、仕事、To Doとは

Outlook 2007までは、タスクは「仕事」という名称でした。また、タスクは「To Do」と呼ばれることもあります。タスク、仕事、To Doは、どれも同じ意味です。

6 開始日をクリックして選択します。

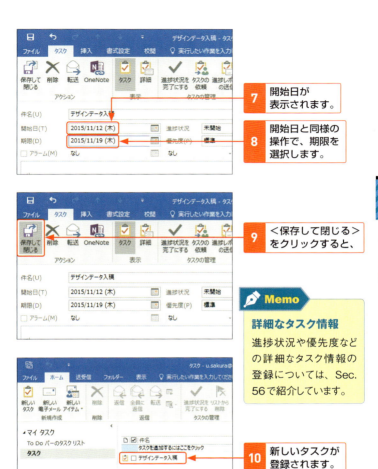

Memo

詳細なタスク情報

進捗状況や優先度などの詳細なタスク情報の登録については、Sec.56で紹介しています。

Memo

登録したタスク

登録したタスクは、「今日」、「明日」、「来週」、「来月」といったグループごとに表示されます。期限日を一覧で確認したいときは、P.141のタスクの一覧表示画面を参考にしてください。

Section 第6章 >> タスクの管理

56 タスクの詳細情報を登録する

タスクには、件名や日時以外に、進捗状況や優先度なども登録することができます。また、タスクの詳しい内容を本文として記入することも可能です。

1 タスクの詳細情報を登録する

ここでは、Sec.55で登録したタスクに詳細な情報を登録します。

Memo

詳細情報の登録

ここで紹介するタスクの詳細情報は、タスクの新規作成時にも登録することができます。

1 登録したタスクをダブルクリックします。

2 ここをクリックし、

Memo

タスクの進捗状況

タスクに設定する進捗状況は、「未開始」、「進行中」、「完了」、「待機中」、「延期」のなかから選択することができます。

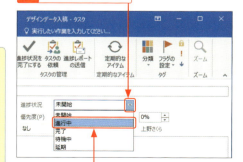

3 進捗状況をクリックして選択します。

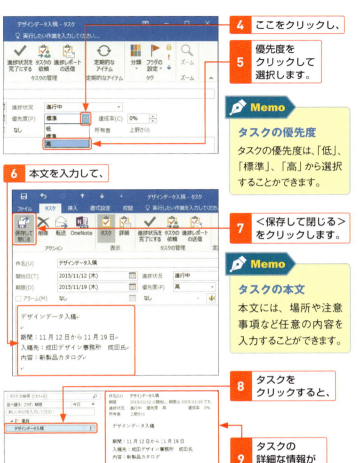

Memo

タスクの優先度

タスクの優先度は、「低」、「標準」、「高」から選択することができます。

Memo

タスクの本文

本文には、場所や注意事項など任意の内容を入力することができます。

Memo

タスクの達成率

進捗状況や優先度のほかに、タスクの達成率を0～100%の数値で指定することができます。進捗状況とも連動しており、0%で進捗状況が「未開始」に、100%で進捗状況が「完了」に、それ以外では進捗状況が「進行中」になります。

Section 57

第6章 » タスクの管理

毎週の締め切りを設定する

「毎週金曜日に営業報告書を提出する」というように、毎週同じ曜日に締め切りがある場合は、定期的なタスクとして登録すると便利です。

1 定期的なタスクを登録する

ここでは、「毎週金曜日に営業報告書を提出する」というタスクを登録します。

1 <ホーム>タブの<新しいタスク>をクリックします。

Memo

定期的なタスク

定期的なタスクでは、タスクを完了するごとに次のタスクが自動的に作成されます。

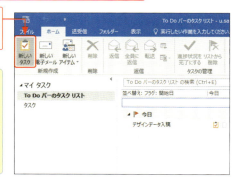

2 件名を入力し、

3 <定期的なアイテム>をクリックします。

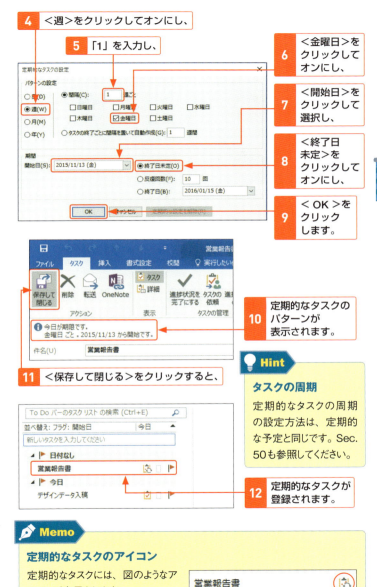

Section 第6章 » タスクの管理

58 登録したタスクを確認する

タスクのビューは、期限が迫っている順や、今後7日分のみの表示など、目的に合わせて表示することができます。また、表示を重要度順や開始日順などに並べ替えることも可能です。

1 タスクのビューを変更する

初期設定では、「To Do バーのタスクリスト」で表示されています。「タスク」の<表示>タブを表示します。

1 <ビューの変更>をクリックし、

2 <今後7日間のタスク>をクリックすると、

Memo

「ビューの変更」の種類

タスクのビューには、そのほかにも、完了したタスクのみを表示する「完了」、期限の切れたタスクのみを表示する「期限切れ」などがあります。

3 今後7日間以内に期限日を迎えるタスクが表示されます。

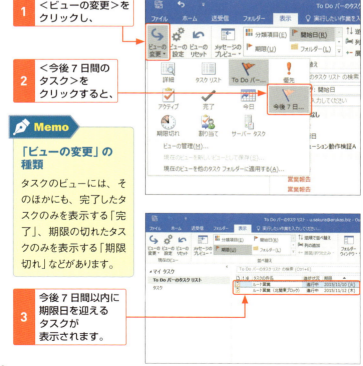

148

2 タスクの並べ替え方法を変更する

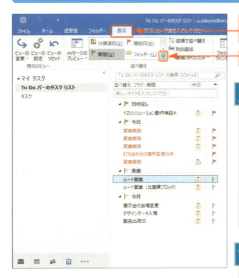

1 ＜表示＞タブをクリックし、

2 ここをクリックし、

Memo

並べ替えの種類

タスクの並べ替え方法には、そのほかにも、開始日ごとの並べ替えや、分類項目（Sec.66参照）ごとの並べ替えがあります。

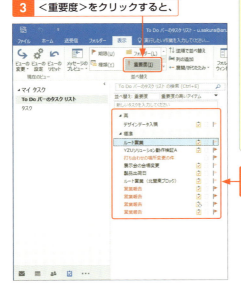

3 ＜重要度＞をクリックすると、

Hint

＜並べ替え＞ボタン

画面サイズによっては、手順2のメニューアイコンが表示されない場合があります。ウィンドウのサイズを広げるか、＜並べ替え＞ボタンをクリックして表示されるメニューから並べ替え方法をクリックしてください。

4 タスクが重要度別に表示されます。

第6章 タスクの管理

149

Section 第6章 >> タスクの管理

59 完了したタスクにチェックマークを付ける

終えたタスクは**チェックマーク**を付けて完了にします。To Do バーの**タスクリスト**では表示されなくなりますが、**タスクの一覧表示画面**では取り消し線が引かれるので、履歴として確認できます。

1 タスクを完了する

1 完了したタスクをクリックし、

2 <ホーム>タブをクリックして、

3 <進捗状況を完了にする>をクリックすると、

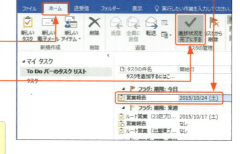

Hint

複数のタスクを完了する

いくつかのタスクをまとめて完了したい場合は、[Ctrl]や[Shift]を押しながら複数のタスクを選択し、手順2の操作を行います。

4 完了したタスクが一覧から消えます。

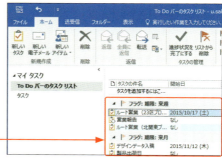

Hint

そのほかのタスク完了方法

「To Do バーのタスクリスト」では、タスクの横にある をクリックすることでも、タスクを完了することができます。

2 完了したタスクを確認する

1. <タスク>をクリックすると、
2. 完了したタスクにチェックマークが付き、取り消し線が引かれているのが確認できます。

3 タスクの完了を取り消す

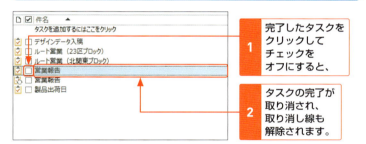

1. 完了したタスクをクリックしてチェックをオフにすると、
2. タスクの完了が取り消され、取り消し線も解除されます。

Memo

タスクの完了と削除の違い

完了したタスクは削除することもできますが、いつどのようなタスクをこなしたのか、あとから確認することができません。そういった履歴を確認できるように、完了操作を行ってからタスクを一覧より消すようにしましょう。なお、タスクの削除方法は、Sec.61を参照してください。

Memo

期限を過ぎたタスク

期限を過ぎても完了していないタスクは、赤字で表示されます。

Section 第6章 >> タスクの管理

60 タスクの締め切り日にアラームを鳴らす

重要なタスクがある場合は、アラームを活用しましょう。Outlook 2016では、あらかじめ指定した時刻になると、アラームやダイアログボックスで知らせてくれます。

1 アラームを設定する

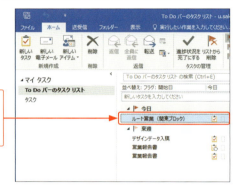

1 アラームを設定したいタスクをダブルクリックします。

2 <アラーム>をクリックしてオンにし、

3 ここをクリックし、

Memo

アラームの時刻

予定表と異なり、タスクでは、アラームを鳴らしたい日時を設定します。

4 時刻をクリックして指定します。

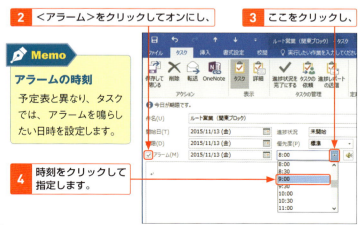

152

5 ＜保存して閉じる＞をクリックします。

📝 Memo

アラームが鳴る条件

アラームを鳴らすには、設定した時刻にOutlook 2016が起動している必要があります。

6 アラームを設定したタスクに、ベルのマークが表示されます。

💡 Hint

アラームの設定変更

「予定表」と同様、＜Outlookのオプション＞ダイアログボックスの＜詳細設定＞の項目では、アラーム自体を表示しないようにしたり、アラーム音を変更したりすることができます。詳しくは、Sec.48を参照してください。

2 アラームを確認する

1 設定した時刻になると、アラームが鳴り、＜アラーム＞ダイアログボックスが表示されます。

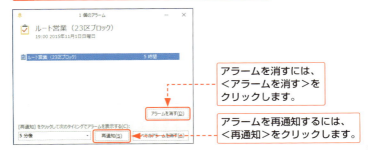

アラームを消すには、＜アラームを消す＞をクリックします。

アラームを再通知するには、＜再通知＞をクリックします。

Section **61** 第6章 >> タスクの管理

タスクを変更する／削除する

タスクの期限日が変更になったり、タスク自体がキャンセルになったりするケースは少なくありません。そのような場合は、<タスク>ウィンドウから内容を変更／削除しましょう。

1 タスクの期限日を変更する

ここでは、タスクの期限日を 10 月 17 日から 11 月 10 日に変更します。

1 変更したいタスクをダブルクリックします。

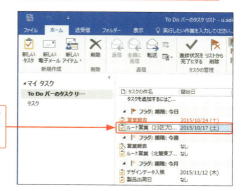

2 <期限>を11月10日に変更し、

3 <保存して閉じる>をクリックします。

Memo

タスクの開始日

同様の操作でタスクの開始日を変更することもできます。

> **Memo**
>
> **期限が過ぎたタスク**
>
> 期限が過ぎたタスクを期限日内に戻すと、表示が赤字から黒字に戻ります。

4 表示位置も変更されます。

2 タスクを削除する

1 削除したいタスクをクリックし、
2 ＜ホーム＞タブをクリックして、

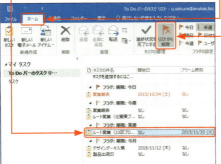

3 ＜リストから削除＞をクリックすると、

> **Hint**
>
> **削除したタスク**
>
> 削除したタスクをもとに戻したり、完全に削除したりすることができます。詳しくは、Sec.73を参照してください。

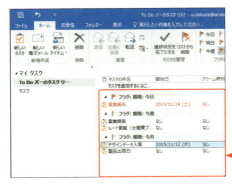

4 タスクが削除されます。

Section 62　第6章 » タスクの管理

メールの内容をタスクとして登録する

メールを<タスク>にドラッグ&ドロップするだけで、かんたんにタスクが登録できます。すばやく確実にタスクを登録したいという場合に便利な機能です。

1 メールの内容をタスクとして登録する

「メール」の画面を表示しています。

1 メールを<タスク>にドラッグ&ドロップします。

Memo

ドラッグ&ドロップして登録される内容

メールを<タスク>にドラッグ&ドロップすると、<タスク>ウィンドウの「件名」にメールの件名が、「メモ」にメールの本文が登録されます。

2 <タスク>ウィンドウが表示されるので、必要に応じて件名を変更し、

3 開始日と期限を入力し、

4 本文を入力します。

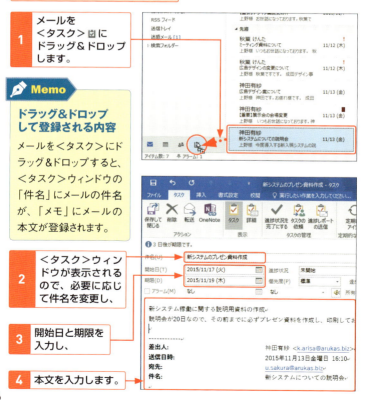

5 ＜保存して閉じる＞をクリックします。

6 「タスク」の画面を表示すると、

7 登録したタスクが表示されます。

第6章 タスクの管理

 Hint

メールにフラグを付けてタスクにする

メールにフラグを付けると、そのままタスクとして登録することができます（Sec.27参照）。期限日やアラームは、以下の手順で設定できます。

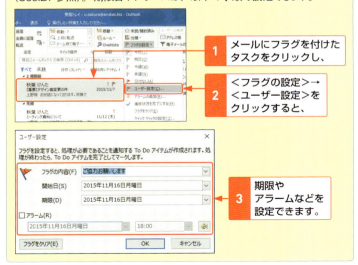

1 メールにフラグを付けたタスクをクリックし、

2 ＜フラグの設定＞→＜ユーザー設定＞をクリックすると、

3 期限やアラームなどを設定できます。

157

Section 第6章 » タスクの管理

63 タスクと予定表を連携する

Outlook 2016では、**タスクを「予定表」に登録**したり、**予定を「タスク」に登録**したりすることができます。基本的な操作は共通で、各アイテムをドラッグ＆ドロップで移動します。

1 タスクを「予定表」に登録する

「タスク」の画面が表示されています。

1 「予定表」に登録したいタスクをクリックし、

2 ＜予定表＞ にドラッグ＆ドロップします。

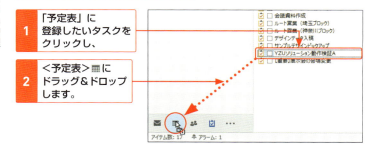

3 ＜予定＞ウィンドウが表示されます。

4 必要に応じて件名を変更し、

5 場所を入力し、

6 開始時刻と終了時刻を入力します。

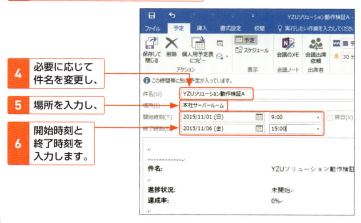

7 必要に応じて本文を入力し、

8 ＜保存して閉じる＞をクリックします。

Memo

本文に登録される内容

タスクを＜予定表＞にドラッグ＆ドロップすると、＜予定＞ウィンドウの本文にはタスクの進捗状況が登録されています。

9 ＜予定表＞をクリックすると、

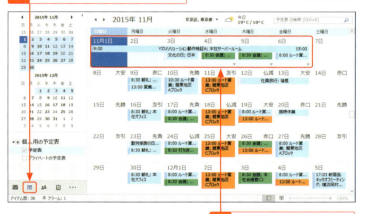

10 予定が登録されています。

Memo

タスクと予定表の使い分け

「タスク」と「予定表」は、どう使い分けたらよいか悩んでいる人もいるでしょう。「タスク」に予定を入れてしまったり、「予定表」に締め切りを入れてしまったりということは、よくあることです。無理に使い分けるのではなく、仕事の締め切りのみ「タスク」に登録したり、会議はすべて「予定表」に登録したりと、自分なりのルールを決めて使い分けましょう。

2 予定を「タスク」に登録する

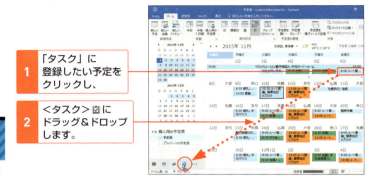

1 「タスク」に登録したい予定をクリックし、

2 <タスク>にドラッグ&ドロップします。

3 <タスク>ウィンドウの画面が表示されます。

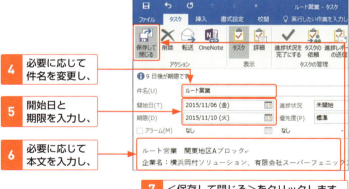

4 必要に応じて件名を変更し、

5 開始日と期限を入力し、

6 必要に応じて本文を入力し、

7 <保存して閉じる>をクリックします。

8 <タスク>をクリックすると、

9 タスクが登録されています。

第7章

Outlook 2016の さらなる活用

Section 64	Outlook Todayで全情報を管理する
Section 65	To Doバーで直近の予定やタスクを把握する
Section 66	アイテムを分類分けする
Section 67	Outlook 2016のデータをすばやく検索する
Section 68	Outlook 2016の操作をすばやく検索する
Section 69	表示された単語の意味をすばやく検索する
Section 70	メモ機能を活用する
Section 71	アイテムを印刷する
Section 72	アイテムを整理する
Section 73	削除したデータをもとに戻す
Section 74	OneDriveのファイルをメールで送信する
Section 75	Outlook 2016の全データをバックアップする

Section 64

第7章 » Outlook 2016のさらなる活用

Outlook Todayで全情報を管理する

Outlook Todayは、「予定表」「タスク」「メール」について、今日現在の情報を一覧表示する機能です。直近の予定や今後のタスク、未読メールの件数などがひと目で確認できます。

1 Outlook Todayの画面構成

1. <メール>をクリックし、
2. アカウント名をクリックすると、
3. Outlook Todayの画面が表示されます。

予定表　タスク　メッセージ　Outlook Todayのカスタマイズ

名称	機能
予定表	今日から数日間分の予定を表示します。
タスク	今後のタスクの一覧を表示します。
メッセージ	受信トレイ、下書き、送信トレイにあるメールの未読数を表示します。
Outlook Todayのカスタマイズ	Outlook Todayの表示方法が変更できます。

2 Outlook Todayをカスタマイズする

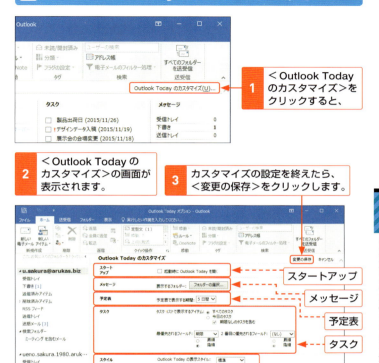

名称	機能
スタートアップ	Outlook 2016の起動時に、Outlook Todayを表示するかどうかの設定を行います。
メッセージ	「メッセージ」に表示するフォルダーを選択します。
予定表	「予定表」に表示する期間を選択します。
タスク	「タスク」に表示するアイテムの設定、優先するフィールドの設定を行います。
スタイル	Outlook Todayの表示スタイルを選択します。

Section 65　第7章 » Outlook 2016のさらなる活用

To Doバーで直近の予定やタスクを把握する

To Doバーは、1カ月分のカレンダー、直近の予定、直近のタスクを1つの画面に表示する機能です。それぞれ、画面の右端に必要なものだけを表示することができます。

1 To Doバーの画面構成

To Doバーですべての情報を表示した画面

← 予定表
← タスク
← 連絡先

名称	機能
予定表	1カ月分のスケジュールをカレンダー表示します。日付をダブルクリックすると、「予定表」の画面に切り替わります。
タスク	今後数日間のタスクを表示します。タスクをダブルクリックすると、「タスク」ウィンドウが表示されます。
連絡先	名前やメールアドレスをもとに、連絡先を検索します。検索結果をダブルクリックすると、「連絡先」の簡易画面が表示されます。

2 To Doバーを表示する

予定表

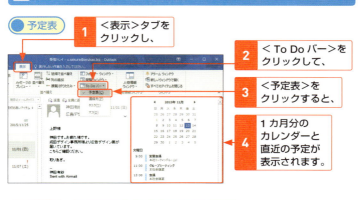

1. <表示>タブをクリックし、
2. < To Do バー>をクリックして、
3. <予定表>をクリックすると、
4. 1カ月分のカレンダーと直近の予定が表示されます。

連絡先

1. 上記と同様の操作で<連絡先>をクリックします。

2. 検索ボックスに検索キーワードを入力すると、
3. 検索結果が表示されます。

タスク

1. 上記と同様の操作で<タスク>をクリックすると、

2. タスクの一覧が表示されます。

第7章 Outlook 2016のさらなる活用

Section 66 アイテムを分類分けする

第7章 » Outlook 2016のさらなる活用

Outlook 2016のアイテム（メール、予定、連絡先、タスク）を自分のルールで分類したいときに活用できるのが分類項目です。任意の分類名や色を設定することができます。

1 分類項目を作成して設定する

ここでは、メールに＜デザイナー案件＞の分類項目を赤色で設定します。
＜メール＞の画面の＜ホーム＞タブを表示します。

1 設定したいメールをクリックし、　**2** ＜分類＞をクリックし、

3 ＜すべての分類項目＞をクリックします。

4 ＜新規作成＞をクリックします。

Memo

分類項目の種類

分類項目では、あらかじめ6色分の項目が用意されています。ここでは、さらに新規に色分類項目を作成し、それをメールに設定しています。

5 分類項目名を入力し、
6 ここをクリックして、
7 <色>をクリックして選択し、
8 < OK >をクリックします。

9 作成した分類項目が表示されます。
10 < OK >をクリックすると、

11 分類項目が設定されます。

📝 Memo

分類項目の名前

分類項目とは、アイテムをグループ別に色分けして管理する機能です。どのような分類項目なのかわかりやすいように、具体的な名前を付けておきましょう。

2 アイテムを分類分けする

ここでは、別のメールに「デザイナー案件」の分類項目を設定します。

1. 設定したいメールをクリックし、
2. <分類>をクリックし、
3. <デザイナー案件>をクリックすると、

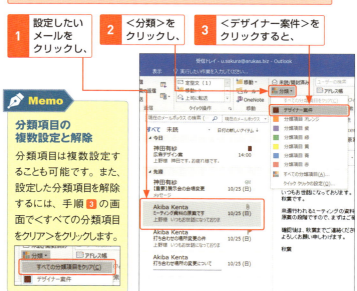

Memo

分類項目の複数設定と解除

分類項目は複数設定することも可能です。また、設定した分類項目を解除するには、手順 3 の画面で<すべての分類項目をクリア>をクリックします。

4. 分類項目が設定されます。

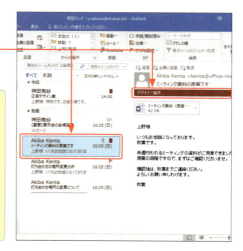

Memo

分類項目ごとの並べ替え

分類項目を設定すると、色分けでアイテムが確認できるだけでなく、アイテムの並べ替えの際に分類項目ごとに並べ替えることができるようになります。

3 分類項目をすばやく設定する

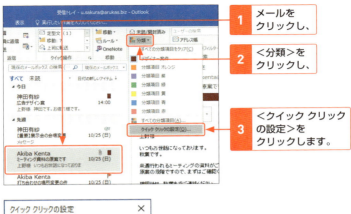

1 メールをクリックし、
2 <分類>をクリックし、
3 <クイック クリックの設定>をクリックします。

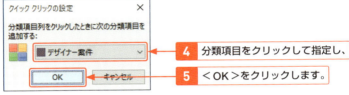

4 分類項目をクリックして指定し、
5 <OK>をクリックします。

🔑 Keyword

クイッククリックとは

クイッククリックに任意の分類項目を設定すると、ビューを一覧表示にした際、分類項目の列をクリックするだけで設定した分類項目が反映されます。

✏ Memo

予定表での分類項目

「予定表」で分類項目を設定すると、予定アイテムが色分けされて見やすくなります。また、分類項目は、「メール」、「連絡先」、「予定表」、「タスク」のすべてで共通して使うことができます。

Section 第7章 >> Outlook 2016のさらなる活用

67 Outlook 2016のデータをすばやく検索する

アイテムをすばやく見つけ出したいときは、クイック検索を使います。「メール」では、検索ボックスにキーワードを入力すると、そのキーワードを含んだメールが一覧表示されます。

1 クイック検索で検索する

ここでは、「受信トレイ」の中から、「神田有紗」より送られてきたメールを検索します。「メール」を表示します。

1 ＜受信トレイ＞をクリックし、

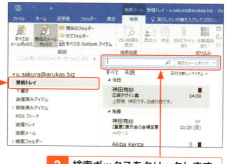

2 検索ボックスをクリックします。

3 「神田有紗」と入力すると、

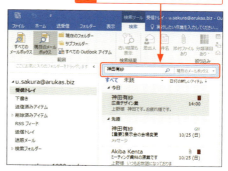

Memo

検索場所の指定

ここでは、「受信トレイ」の中からメールの検索を行っています。他のフォルダーを検索したい場合は、あらかじめ検索したいフォルダーをクリックします。また、すべてのOutlookアイテムから検索したい場合は、＜検索＞タブの＜すべてのOutlookアイテム＞をクリックします。

💡 Hint

検索結果の絞り込み

検索結果が多すぎて対象が絞り込めない場合は、「神田有紗　デザイン」のようにスペースを空けてキーワードを追加するとよいでしょう。

2 クイック検索による検索結果を閉じる

📝 Memo

他の機能での検索機能

ここでは、「メール」での「クイック検索」による検索方法を紹介しています。「連絡先」、「予定表」、「タスク」ともに同様の方法で検索することができます。

Section 第7章 >> Outlook 2016のさらなる活用

68 Outlook 2016の操作をすばやく検索する

操作アシストを使えば、やりたい操作を入力して検索することで、かんたんに実行することができます。操作手順を覚えていなくても、Outlook 2016を操作できるようになります。

1 操作アシストを利用する

1. ＜実行したい作業を入力してください...＞をクリックし、

2. 実行したい操作を入力し、

3. 検索候補の中から操作したい項目をクリックすると、

4. その操作が実行されます（ここでは、＜連絡先＞ウィンドウが表示されます）。

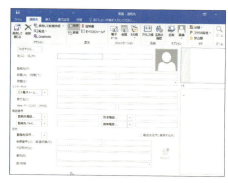

Section 第7章 >> Outlook 2016のさらなる活用

69 表示された単語の意味をすばやく検索する

メール本文内などで調べたい単語がある場合、スマート検索を使えば、Web検索の結果を画面右に表示することができます。ここでは、スマート検索機能の使い方について紹介します。

1 スマート検索を利用する

1 調べたい単語を選択して右クリックします。

2 <スマート検索>をクリックすると、

3 画面右にウィキペディアやWeb検索の結果が表示されます。

Memo

スマート検索が使えない場合

メールの表示形式によっては、スマート検索が利用できない場合もあります。また、P.172手順 3 の画面で<"～"に関するスマート検索>をクリックすることでも、スマート検索が行えます。

Section 70 第7章 ≫ Outlook 2016のさらなる活用

メモ機能を活用する

「タスク」や「予定表」に登録するまでもない事柄を記録するときは、メモ機能が便利です。付箋の形をした<メモ>ウィンドウは、デスクトップ上に表示することも可能です。

1 新しいメモを作成する

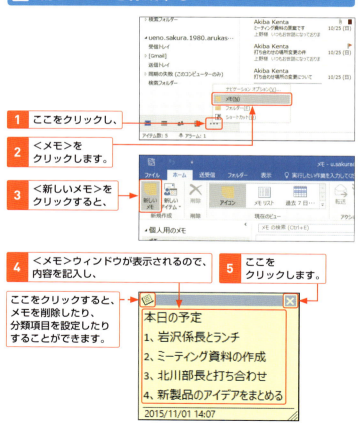

1 ここをクリックし、
2 <メモ>をクリックします。
3 <新しいメモ>をクリックすると、
4 <メモ>ウィンドウが表示されるので、内容を記入し、
5 ここをクリックします。

ここをクリックすると、メモを削除したり、分類項目を設定したりすることができます。

6 メモが保存され、アイコンで表示されます。

Memo

メモのタイトル

アイコン化されたメモには、1行目に入力した内容がタイトルとして表示されます。

2 デスクトップにメモを表示する

1 メモアイコンをダブルクリックすると、

2 ＜メモ＞ウィンドウが表示されます。

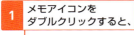

3 ここをクリックすると、

4 Outlook 2016の画面が最小化され、デスクトップ上に＜メモ＞ウィンドウのみが表示されます。

Memo

メモの表示位置

デスクトップ上のメモはドラッグ＆ドロップで任意の位置に移動することが可能です。なお、Outlook 2016を終了するとメモも終了して閉じてしまいます。

Section 71 アイテムを印刷する

プリンターを使用して、Outlook 2016のアイテムを紙に印刷することができます。「メール」と「予定表」では、印刷時のスタイルを選択することも可能です。

1 メールを印刷する

1 印刷したいメールをクリックし、

2 <ファイル>タブをクリックします。

3 <印刷>をクリックし、

4 <メモスタイル>をクリックし、

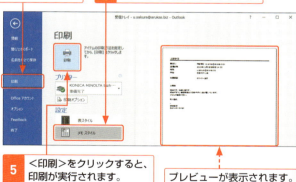

5 <印刷>をクリックすると、印刷が実行されます。

プレビューが表示されます。

Memo

「メール」の印刷スタイル

「メール」の印刷スタイルには、表スタイルとメモスタイルの2種類があります。メールの一覧を印刷する場合は表スタイル、メールの内容を印刷する場合はメモスタイルを選びます。

2 「予定表」の印刷スタイル

「予定表」の印刷も同様にして行います。印刷スタイルは、1日スタイル、週間議題スタイル、週間予定表スタイル、月間スタイル、3つ折りスタイル、予定表の詳細スタイルの6種類があります。

● 1日スタイル

● 週間議題スタイル

● 週間予定表スタイル

● 月間スタイル

● 3つ折りスタイル

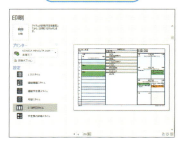

● 予定表の詳細スタイル

Section 72　第7章 >> Outlook 2016のさらなる活用

アイテムを整理する

受信メールが増えてきた場合は、データを整理しましょう。フォルダー内の重複したメールを削除したり、Outlook 2016のデータファイルを圧縮したりすることができます。

1 メールのフォルダーを整理する

「メール」画面を表示します。

1 整理したいフォルダーをクリックし、

2 <クリーンアップ>をクリックし、

3 <フォルダーのクリーンアップ>をクリックします。

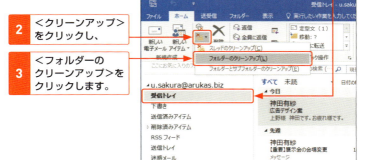

4 <フォルダーのクリーンアップ>をクリックします。

Memo

フォルダーのクリーンアップ

フォルダーのクリーンアップを実行すると、フォルダー内の重複したメールを自動的に削除することができます。

2 Outlook 2016のデータを圧縮する

1 <ファイル>タブをクリックし、

2 <情報>をクリックし、

3 <クリーンアップツール>をクリックし、

4 <メールボックスの整理>をクリックします。

5 <メールボックスの整理>ダイアログボックスが表示されるので、必要に応じて、メールを整理します。

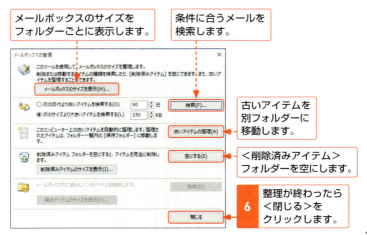

メールボックスのサイズをフォルダーごとに表示します。

条件に合うメールを検索します。

古いアイテムを別フォルダーに移動します。

<削除済みアイテム>フォルダーを空にします。

6 整理が終わったら<閉じる>をクリックします。

第7章 Outlook 2016のさらなる活用

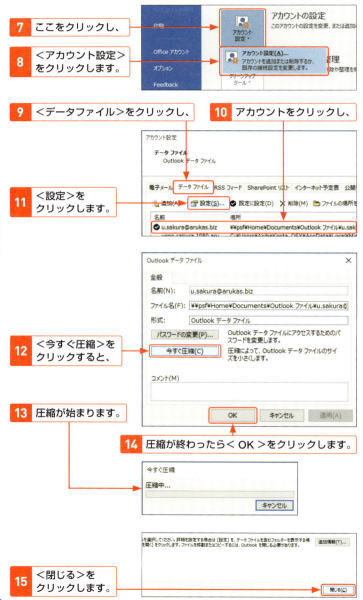

Section 73　第7章 >> Outlook 2016のさらなる活用

削除したデータをもとに戻す

不要なアイテムを削除すると、アイテムは「削除済みアイテム」に移動します。これをもとに戻すには、「削除済みアイテム」に移動したアイテムをもとの場所にドラッグ&ドロップします。

1 「削除済みアイテム」のアイテムをもとに戻す

ここでは、削除した連絡先アイテムをもとに戻します。「メール」画面を表示します。

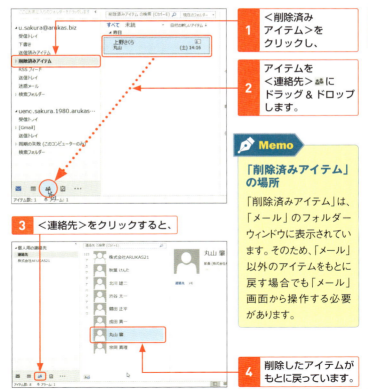

1 <削除済みアイテム>をクリックし、

2 アイテムを<連絡先>にドラッグ&ドロップします。

3 <連絡先>をクリックすると、

4 削除したアイテムがもとに戻っています。

Memo

「削除済みアイテム」の場所

「削除済みアイテム」は、「メール」のフォルダーウィンドウに表示されています。そのため、「メール」以外のアイテムをもとに戻す場合でも「メール」画面から操作する必要があります。

Section 74 — 第7章 >> Outlook 2016のさらなる活用

OneDriveのファイルをメールで送信する

Outlook 2016では、OneDriveにあるファイルのリンクを送信することができます。OfficeファイルをWebブラウザ上で共同編集したり、大容量のファイルを送ったりすることができます。

1 OneDriveのファイルをメールで送信する

1 送信したいファイルをあらかじめOneDriveに保存しておきます。

2 「メール」で<メッセージ>ウィンドウを開き、宛先と件名と本文を入力しておきます。

3 <ファイルの添付>をクリックします。

4 <Web上の場所を参照>をクリックし、

5 <Onedrive - 個人用>をクリックします。

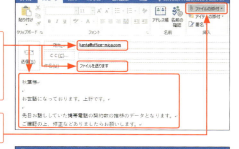

6	手順 1 で OneDrive に保存したファイルをクリックし、
7	<挿入>をクリックします。

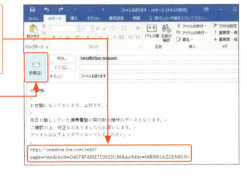

8	本文に追加したいファイル名とそのリンクが追加されるので適宜修正して、
9	<送信>をクリックします。

Memo

Officeファイルを送信した場合

OneDrive経由でOfficeファイルを送信した場合、相手がリンクをクリックするとWebブラウザ上でOfficeファイルが表示されます。閲覧だけでなく編集も可能なので、Officeファイルを共同編集したい場合に便利です。また、添付しきれない大容量のファイルを送信するといった使い方もできます。

Memo

Microsoftアカウントによるサインインが必要

OneDriveは、Microsoftが提供するオンラインストレージサービスです。OneDriveを利用するには、Microsoftアカウントが必要となります。手順 4 で<Web上の場所を参照>がクリックできない場合は、あらかじめ<ファイル>タブ→<Office アカウント>の順にクリックし、Microsoftアカウントでサインインしてください。

Section 75

第7章 » Outlook 2016のさらなる活用

Outlook 2016の全データをバックアップする

パソコンのトラブルに備えて、Outlook 2016のデータをあらかじめUSBメモリなどに保存しておきましょう。保存したデータを再度インポートすれば、データをもとに戻すことができます。

1 Outlook 2016の全データをバックアップする

ここでは、接続したUSBメモリに、Outlook 2016の全データをバックアップします。

1 <ファイル>タブをクリックし、

2 <開く/エクスポート>をクリックし、

3 <インポート/エクスポート>をクリックします。

4 <ファイルにエクスポート>をクリックし、

5 <次へ>をクリックします。

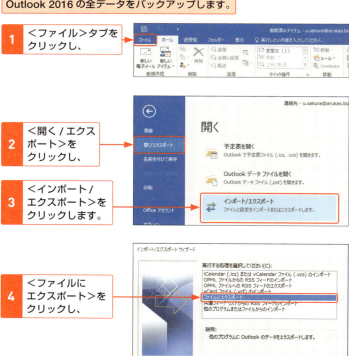

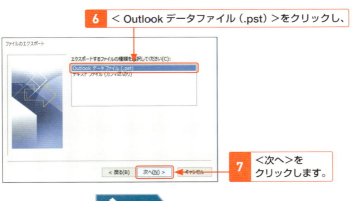

Outlook 2016のデータファイルの拡張子

Outlook 2016のデータファイルの拡張子は.pstです。

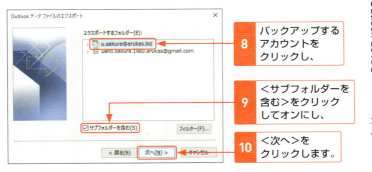

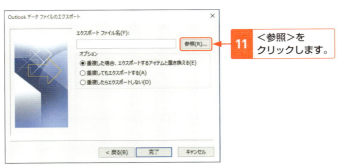

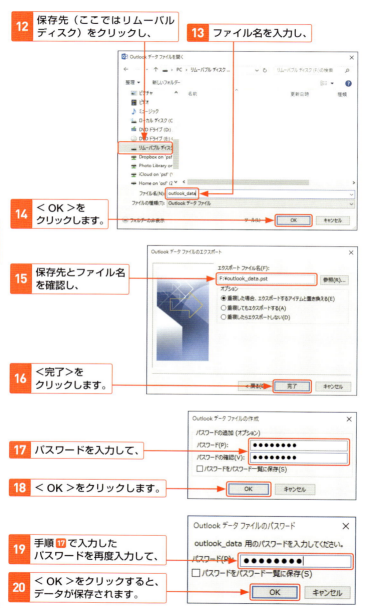

2 バックアップデータを復元する

ここでは、USB メモリに保存したバックアップデータを Outlook 2016 に上書きして戻します。

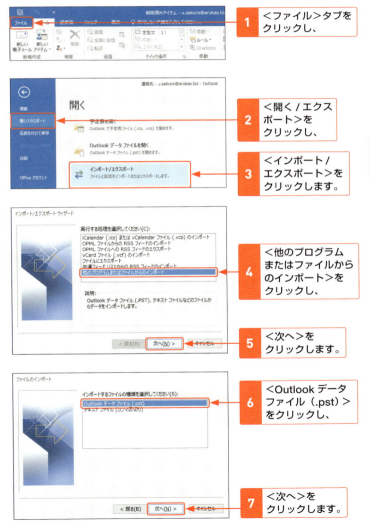

1 <ファイル>タブをクリックし、

2 <開く/エクスポート>をクリックし、

3 <インポート/エクスポート>をクリックします。

4 <他のプログラムまたはファイルからのインポート>をクリックし、

5 <次へ>をクリックします。

6 <Outlook データファイル (.pst)>をクリックし、

7 <次へ>をクリックします。

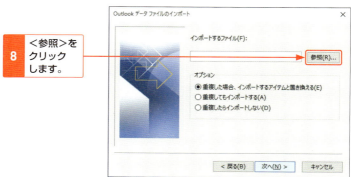
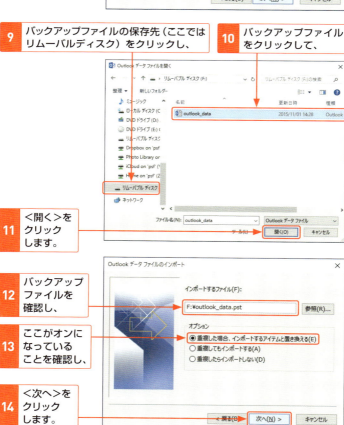

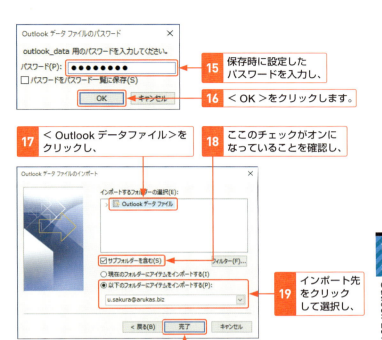

📝 Memo

バックアップデータのパスワード

ここでは、バックアップファイルの保存時にパスワードを設定しました。何も入力しないことでパスワードを省略することもできますが、Outlook 2016のデータにはたくさんの個人情報が記録されています。何かあったときのためにも、必ずパスワードをかけておくようにしましょう。

💡 Hint

インポート先を選択する

メールアカウントが複数ある場合、インポート先を選択することができます。手順 19 の＜以下のフォルダーにアイテムをインポートする＞にチェックをオンにすると、登録したアカウントが選択できるので、その中から目的のアカウントをクリックします。

INDEX 索引

英字

.pst	185
Backstageビュー	27
BCC	31、39
CC	31、39
CSV	106
HTML形式	33、48
Microsoftアカウント	183
OneDrive	182
Outlook	16、17
ーのオプションの設定画面	27
ーの画面構成	24
ーのデータを圧縮	179
Outlook Today	162
RSSフィード	30
To Do	→タスク
To Doバー	164
ーのタスクリスト	140

ア行

アイテム	17
アクティブ	124
宛先	31
アラーム（タスク）	152
アラーム（予定表）	128
一覧形式（連絡先）	96
印刷	176
インデックス	90
インポート	106
エクスポート	110
閲覧ウィンドウ（メール）	24、30
閲覧ウィンドウ（連絡先）	90
閲覧ウィンドウの文字を大きくする	37
お気に入り	60
同じ勤務先の登録	95

カ行

開封済み	64
開封通知	80
顔写真	91、95
画像を表示	48
稼働時間	118
稼働日	119
カレンダーナビゲーター	114、120
既読メール	65
勤務先	91、95
クイッククリック	169
クイック検索	170
クイック操作	84
検索	170
ーフォルダー	30、66
件名	31
今後7日間	125

サ行

削除	52、104、131、155
ーしたデータをもとに戻す	181
削除済みアイテム	30、52
仕事	→タスク
下書き	30、44
写真を自動で縮小	41
終日の予定	134
重要度	78
祝日	116
受信拒否リスト	75
受信トレイ	30
署名	50
仕分けルール	70
進捗状況	144
人物情報ウィンドウ	31
信頼できる差出人のリスト	49、77
ステータスバー	24
スマート検索	173
スレッドビュー	62
操作アシスト	172
送信	35
送信済みアイテム	30
送信トレイ	30、36、82

タ行

タイトルバー	24
タイムバー	114
タスク	140
ーと予定表の使い分け	159
ーの完了	150
ーの完了を取り消し	151
ーの削除	155
ーの登録	142

―の並べ替え	149
―の変更	154
―を予定表に登録	158
＜タスク＞ウィンドウ	142
タスクバー	18
達成率	145
定期的なタスク	146
定期的な予定	132
定型文	84
テキスト形式	32、47
天気予報	126
添付ファイル	40、42、182

ナ行

ナビゲーションバー	24、25
―の表示を変更	26
並べ替え	56、149

ハ行

バックアップ	184
ビュー（タスク）	148
ビュー（メール）	24、30
ビュー（予定表）	124
ビュー（連絡先）	90、96
ファイル	40、42
フィールド	109
フォルダー（メール）	58
フォルダー（連絡先）	105
フォルダーウィンドウ	24
フォルダーのクリーンアップ	178
復元	187
複数の宛先	38
フラグ	157
フリガナ	95
分類項目	166
本文	31

マ行

未読メール	64
名刺形式	96
迷惑メール	30、74
メール	30
―の色分け	68
―の印刷スタイル	176
―の削除	52
―の作成	34
―の差出人を連絡先に登録	98
―の下書き保存	44
―の自動改行	33
―の自動送受信	54
―の受信	36
―の送信	35
―の転送	47
―の内容をタスクとして登録	156
―の内容を予定として登録	138
―の並べ替え	56
―の振り分け	70
―の返信	46
―の文字サイズ変更	37
メールアカウント	20
―の使い分け	86
＜メッセージ＞ウィンドウ	31
メモ	174

ヤ行

予定	114
―のコピー＆ペースト	131
―の削除	131
―の詳細情報	123
―の登録	120
―の変更	130
―をタスクに登録	160
＜予定＞ウィンドウ	115
予定表	114
―の印刷スタイル	177
―の使い分け	136
―の表示形式	122

ラ行

リッチテキスト形式	33
リボン	24、28
連絡先	90
―グループ	102
―の相手にメールを送信	100
―の書き出し	110
―の削除	104
―の取り込み	106
＜連絡先＞ウィンドウ	91

■ **お問い合わせの例**

FAX

1 お名前
技評 太郎

2 返信先の住所またはFAX番号
03-××××-××××

3 書名
今すぐ使えるかんたんmini
Outlook 2016 基本&便利技

4 本書の該当ページ
56ページ

5 ご使用のOSとソフトウェアのバージョン
Windows 10 Pro
Outlook 2016

6 ご質問内容
手順2の画面が
表示されない

お問い合わせについて

本書に関するご質問については、本書に記載されている内容に関するもののみとさせていただきます。本書の内容と関係のないご質問につきましては、一切お答えできませんので、あらかじめご了承ください。また、電話でのご質問は受け付けておりませんので、必ずFAXか書面にて下記までお送りください。
なお、ご質問の際には、必ず以下の項目を明記していただきますようお願いいたします。

1 お名前
2 返信先の住所またはFAX番号
3 書名
　（今すぐ使えるかんたんmini
　Outlook 2016　基本&便利技）
4 本書の該当ページ
5 ご使用のOSとソフトウェアのバージョン
6 ご質問内容

なお、お送りいただいたご質問には、できる限り迅速にお答えできるよう努力いたしておりますが、場合によってはお答えするまでに時間がかかることがあります。また、回答の期日をご指定なさっても、ご希望にお応えできるとは限りません。あらかじめご了承くださいますよう、お願いいたします。
ご質問の際に記載いただきました個人情報は、回答後速やかに破棄させていただきます。

今すぐ使えるかんたんmini
Outlook 2016
基本 & 便利技

2016年2月5日　初版　第1刷発行

著者●技術評論社編集部＋マイカ
発行者●片岡 巌
発行所●株式会社 技術評論社
　　　　東京都新宿区市谷左内町21-13
　　　　電話　03-3513-6150　販売促進部
　　　　　　　03-3513-6160　書籍編集部
装丁●田邉 恵里香
本文デザイン●Kuwa Design
編集●田中 秀春
DTP●マップス
製本／印刷●図書印刷株式会社

定価はカバーに表示してあります。

落丁・乱丁がございましたら、弊社販売促進部までお送りください。交換いたします。
本書の一部または全部を著作権法の定める範囲を超え、無断で複写、複製、転載、テープ化、ファイルに落とすことを禁じます。

©2016　技術評論社

ISBN 978-4-7741-7842-4 C3055
Printed in Japan

問い合わせ先

〒162-0846
東京都新宿区市谷左内町21-13
株式会社技術評論社　書籍編集部
「今すぐ使えるかんたんmini
Outlook 2016　基本&便利技」質問係

FAX番号　03-3513-6167

URL：http://book.gihyo.jp